U0872274

核电厂核安全基础

主 编 俞尔俊 于 宏 周 红

原子能出版社

图书在版编目(CIP)数据

核电厂核安全基础/俞尔俊,于宏,周红主编.
—北京:原子能出版社,2011.1(2024.3重印)
ISBN 978-7-5022-4981-6

Ⅰ.①核… Ⅱ.①俞… ②于… ③周… Ⅲ.①核电厂
—安全技术 Ⅳ.①TM623.8

中国版本图书馆CIP数据核字(2011)第009535号

内容简介

本教材以压水堆核电厂为研究对象,主要介绍了核反应堆安全基本概念和各类设计基准事故。全书共六章,第一、二章介绍核电厂潜在的危险性、安全文化、核安全法规和核安全的基本原则;第三章阐述了事故分析时常用的基本概念、核电厂工况分类和验收准则及单一故障准则在核电安全中的应用方法;第四章用确定论安全分析方法,对压水堆各类设计基准事故过程进行分析;第五章介绍严重事故(即超设计基准事故)的初因事件、物理过程和事故的预防与缓解措施;第六章介绍两大核电厂事故(即三哩岛事故和切尔诺贝利事故)发生的起因、过程、后果和经验教训。

本书是核电厂新员工(非操纵员)人厂前的培训教材,也可供从事核电厂设计、运行、研究和管理等人员参考。

核电厂核安全基础

出版发行 原子能出版社(北京市海淀区阜成路43号 100048)
责任编辑 侯茸方
技术编辑 丁怀兰 王亚翠
责任印制 赵 明
印 刷 北京天恒嘉业印刷有限公司
经 销 全国新华书店
开 本 787 mm×1092 mm 1/16
印 张 6 **字 数** 145千字
版 次 2011年1月第1版 2024年3月第2次印刷
书 号 ISBN 978-7-5022-4981-6 **定 价** 32.00元

网址:http://www.aep.com.cn **E-mail:atomep123@126.com**
发行电话:010-68452845

中国核工业集团公司
核电培训教材编审委员会

《核电厂核安全基础》
编　辑　部

总　序

核工业作为国家高科技战略性产业，是国家安全的重要基石、重要的清洁能源供应，以及综合国力和大国地位的重要标志。

1978年以来，我国核工业第二次创业。中国核工业集团公司走出了一条以我为主发展民族核电的成功道路。在长期的核电设计、建造、运行和管理过程中，积累了丰富的实践和理论经验，在与国际同行合作过程中，实现了技术和管理与国际先进水平相接轨，取得了骄人的业绩。

中国核工业集团公司在三十多年的核电建设中，经历了起步、小批量建设、快速发展三个阶段。我国先后建成了秦山、大亚湾、田湾三大核电基地，实现了我国大陆核电"零"的突破、国产化的重大跨越、核电管理与国际接轨，走出了一条以我为主，发展民族核电的成功之路。在最近几年中，发展尤为迅猛。截至2008年底，核电运行机组11台，装机容量907.82万千瓦，全部稳定运行，态势良好。

进入21世纪，党中央、国务院和中央军委对核工业发展高度重视、极为关怀，对核工业做出了新的战略决策。胡锦涛总书记指出："无论从促进经济社会发展看，还是从保障国家安全看，我们都必须切实把我国核事业发展好。"发展核电是优化能源结构、保障能源安全、满足经济社会发展需求的重要途径。2007年10月，国务院正式颁布了《核电中长期发展规划(2005—2020年)》。核电进入了快速、规模化、跨越式发展的新阶段。

在中国核电大发展之际，中国核工业集团公司继续以"核安全是核工业的生命线"的核安全文化理念和"透明、坦诚和开放"的企业管理心态，以推动核电又好又快又安全发展为己任，为加速培养核电发展所需的各类人才，组织核电领域专家，全面系统地对核电设计、工程建造、电站调试、生产准备和生产运营等各阶段的知识进行了梳理，构造了有逻辑性、系统性的核电知识体系，形成了覆盖核电各阶段的核电工程培训系列教材。

这套教材作为培养核电人才的重要工具，是国内目前第一套专业化、体系化、公开出版的核电人才培养系列教材，有助于开展培训工作，提高培训质量、节约培训成本，夯实核电发展基础。它集中了全集团的优势，突出高起点、实用性强，是集团化、专业化运作的又一次实践，是中国核工业50余年知识管理的积淀，是中国核工业10万人多年总结和实践经验的结晶。

21世纪是“以人为本”的知识经济时代，拥有足够的优秀人才是企业持续发展的重要基础。中国核工业集团公司愿以这套教材为核电发展开路，为业界理论探讨、实践交流提供参考。

我们要继续以科学发展观为指导，认真贯彻落实党中央、国务院的指示精神，积极推进核电产业发展。特别是要把总结核电建设经验作为一项长期的工作来抓，不断更新和完善人才教育培训体系。

核电培训系列教材可广泛用于核电厂人员培训，也可用于核电管理者的学习工具书，对于有针对性地解决核电厂生产实践和管理问题具有重要的参考价值。

中国核工业集团公司总经理

2009年9月9日

前　言

《核电厂核安全基础》是根据核电厂新员工(非操纵人员)基础理论培训的基本要求,在编写大纲、广泛听取核电厂意见的基础上编写而成的,是中国核工业集团公司核电培训教材编制规划中《核电厂新员工入厂培训系列教材》之一。

本书是一本基础理论性的培训教材,是核电厂新员工诸多培训课程的重要基础。针对培训对象的专业较杂、核电基础知识较薄弱、进厂后将分配在非操纵人员的各种工作岗位的特点,本书首先给学员较系统地介绍了反应堆安全基础知识,使学员对核电厂安全分析过程有一定的了解,也有助于学习其他相关课程。

本书的特点是深入浅出,以讲授安全概念为主,尽量避免数学解析,通过举例,结合核电厂实际,强调实用性;同时,本书也充分考虑到学科体系本身的完整性。它不同于专业性教科书,具有一定的普及性。

《核电厂核安全基础》是以压水堆核电厂为研究对象,在第一、二、三章简要介绍了核反应堆安全的发展历史、安全文化和核电厂技术规格书,以及核安全的基本原则和事故分析的基本知识。在第四章着重论述了压水堆设计基准事故的过程特征、分析方法、危害及抗御这些事故的设备及应急操作。在三哩岛核电厂事故后,严重事故(即超设计基准事故)已成为重要研究内容,当发生严重事故时将导致堆芯严重损坏甚至熔化,还可能伴随着大量的放射性释放到环境中的后果。在第五章就介绍了严重事故的初因事件、物理过程和事故的预防与缓解措施;第六章介绍两大核电厂事故(即三哩岛事故和切尔诺贝利事故)发生的起因、过程、后果和经验教训。

本书是在中国核工业集团公司领导的关心支持下,承蒙核工业研究生部、原子能出版社等单位和有关同志的大力帮助才完成的,定稿前经过了核工业研究生部组织的内审和中核集团核电培训教材编委会组织的外审,中国原子能科学研究院金德圭老师和浦胜娣老师、秦山核电有限公司吴炳泉同志、核电秦山联营有限公司李兵华同志等对初稿进行了认真的审阅并提出了宝贵的修改意见,在此表示诚挚的感谢。

由于编者水平有限,书中出现某些问题在所难免,敬请批评指正!

主编

2009 年 6 月

目　　录

第一章　绪　论

第二章　核安全的基本原则

第三章　事故分析的基本知识

第四章　压水堆核电厂的设计基准事故

第五章 核电厂严重事故初步

第六章 核电厂事故案例分析

第一章 绪 论

1.1 引 言

1.1.1 核电是清洁、安全和经济的能源

核能的发现和利用是这几十年来科技史上最杰出的成就之一。

1939 年发现了核裂变现象。1942 年第一座人工核反应堆达到临界。1945 年美国制成并投掷了原子弹。1954 年前苏联建成第一座并入电网的核电厂。20 世纪 60 年代末，美国 100 万千瓦级压水堆核电厂已基本定型。2010 年世界核电装机容量约 3.8 亿千瓦，占世界发电总量 10%。我国自 1991 年 12 月 15 日秦山第一核电厂并网发电以来，截至 2008 年年底，共运行核电机组 11 台，总容量为 910 万千瓦，占全国发电容量的 1.27%。

核电厂不排出温室气体 CO_2，不排出有毒气体 CO、SO_2 及氮氨化合物，也不排出灰尘。每座核电厂排出的放射性物质对周围居民的剂量限值为 0.25 mSV/a，仅为天然本底的 1/10。实际的放射性影响比限值小得多，比相同功率的火电厂排出的放射性量还要少。

一座 100 万千瓦的煤电厂一年需要用 330 万吨煤。煤是宝贵的化工原料，而且采煤有很大的风险。一个 100 万千瓦的核电厂每年仅需替换几十吨核燃料，利用核能还可以减轻运输负担。

核电厂虽然建设周期长，一次性投资大，但其运行成本远低于火电厂，总体计算每度电的发电成本，比燃煤火电厂低。尤其是我们现在已做到设计、建造、运行自主化，设备基本国产化，核电厂运行成本低的优势更加突出。

核电厂技术成熟，运行稳定，核电机组的供电负荷因子已大于 90%。核电自诞生以来有良好的安全记录。在三哩岛事故和切尔诺贝利事故后，世界各国已采取了有效的安全改进措施，1 万余堆年的核电业绩，可以证明核电是安全的能源。

研究表明，核燃料的供应及长寿命裂变产物的处理，并不是影响核电发展的主要因素，所以核电还是可持续发展的能源。

发展核电是优化能源结构，保障能源安全，减少温室气体排放，促进经济、社会和生态协调发展的重要举措。

1.1.2 核电厂潜在的危险性

(1) 核反应堆内存在大量放射性物质

核燃料发生裂变反应释放能量的同时，也产生具有放射性的裂变产物。随着燃耗的加深，反应堆内的放射性活度将逐渐积累。一个热功率为 3 000 MW 的反应堆在燃耗末期，放射性活度可超过 10^{16} Bq。对比食用水放射性浓度标准(GB5749)要求小于 1 Bq/L，可见堆内放射性贮量之大。如果这些放射性物质释放出来，会在很大范围内对居民的健康产生影

响，也会造成长期的环境污染。

核反应堆内放射性物质98%以上保留在UO_2芯块内，约2%扩散在包壳与芯块之间的气隙内。如果包壳不破损，芯块不高温熔化，这些放射性物质就不会泄出。如果再加上一回路压力边界及安全壳，共4道防护，我们就可以实现辐射安全。

(2) 反应堆停闭后会长时间释放衰变热

反应堆停闭后，堆内中子链式反应虽然中止，但是裂变产物继续发射β和γ射线。这些裂变产物的半衰期较长。射线与周围物质作用，将释出热量，这就是衰变热。

一个热功率为3 000 MW的反应堆停闭后，衰变热随时间的变化为：

1分	3.5%	104 MW
1时	1.3%	38.5 MW
1天	0.5%	14 MW
1周	0.19%	5.5 MW
1月	0.075%	2.25 MW

作一个简单的估算，1 MW·h热量可蒸发1 500 kg水。可见，核反应堆即使停堆以后，在一个相当长的时间内，仍需要不断提供冷却手段，否则就会发生堆芯熔化，使放射性物质释出。

由于衰变热的存在，往往会使防止放射性物质释出变得比较复杂。

(3) 反应堆冷却剂系统存在大量的高温高压水

反应堆冷却剂系统共存有几百吨高温高压水。这些水具有放射性，并含有巨大能量。一旦一回路压力边界发生破口，大量冷却剂就会迅速喷出。

其危害为：

——危及安全壳完整性；

——放射性物质扩散；

——使燃料元件失去冷却。

总效果是放射性屏障受破坏，放射性物质外泄。

(4) 反应堆功率可能暴走

虽然核反应堆不会像原子弹那样爆炸，但在一定条件下，堆功率迅速升高，还是可能的。

切尔诺贝利事故过程中，反应堆具有正反应性，堆内存在大量氙毒，在此条件下，硬要使反应堆运行，是极其危险的。当时，在40 s时间内，反应堆从较低功率提高到额定满功率的100倍，造成了巨大灾难。对于这样的条件，在运行上必须严格予以制止。

这些核反应堆存在的潜在危险性，要求反应堆运行的任何时候都必须保持三大安全功能：控制反应性、冷却堆芯和包容放射性物质。

1.1.3 公众的接受性是核电发展最重要的因素

核能的首次使用，是在日本投下两颗原子弹，使人们在核能利用的一开始就怀有恐核的心理。核反应堆原理复杂，对它的安全性连一般的技术人员都很难理解，更不要说是普通的公众。三哩岛事故与切尔诺贝利事故，又加深了人们恐核的心理。

很多研究对核电由盛转衰进行了全面的分析。发达国家经济增长放缓，低价天然气大规模应用，能源市场自由化等事件都对核电发展产生了重要的消极影响。但是比较普遍的观点认为，公众的反对才是其中最重要的原因。

很多国家已宣布废除核能，有些是全国公众直接投票决定淘汰核能，如瑞典、瑞士、奥地利和意大利，有些是反核政党得到公众支持上台后，由政府作出决定淘汰核能，如德国、比利时、西班牙和荷兰。

日本是一个最需要发展核能的国家，虽然政府的计划雄心勃勃，但一直受阻于公众的反对，不巧的是又发生了 1999 年东海镇核燃料厂的临界事故和 2007 年柏崎、刈羽核电厂厂址的大地震。这使得在日本再要找到新的核电厂厂址就非常困难。

由于我国人民对党和国家领导的信任，大多数民众相信发展核电的政策是合适的。统计数据表明我国民众赞成发展核电的比例高达 80％以上。但是赞成在居住当地发展核电的比例却低于 50％，而且反对者达到 30％左右。另外，以一定方式来影响当地发展核电的事例，也是常有发生的。可见，我国和其他国家一样，对于核电存在 NIMBY（Not In My Back Yard）现象，这是一种公众并非真正接受了核能的表示，是值得我们注意的。

因此，所有核行业的人员都应特别注意核安全，因为核电稍微出点事情，就会引起轩然大波。现在在我国大力发展核电的同时，要更加注重核安全，保持核电良好的安全业绩，才能使公众更加信任核电。

1.2　核安全文化

1.2.1　核安全文化的由来

核安全的发展历史，可以划分为三个阶段——核电发展初期、三哩岛事故后和切尔诺贝利事故后。回顾核安全观念的演变历史，我们可以了解“安全文化”的历史背景，更有助于我们理解倡导安全文化的作用和意义。

（1）核电发展初期：重视设计的保守性和设备的可靠性，实施纵深防御原则

由于核辐射会对人体造成伤害和对环境造成不利影响，因此在核电发展初期，就在核安全方面采取了不少措施。当时强调的是设计的保守性和设备的可靠性。在设计保守性上，着重地将一回路主管道双端断裂大破口失水事故确立为“最大可信设计基准事故”。这里就含有这样的意思，如果把大破口失水事故解决了，其他事故就不难对付。设备上设置了专设安全设施，设计上采用了纵深防御原则，安全分析中采用了保守的假设和计算模型，规定了各种类型设计基准事故的验收准则。另外，这一时期还制定了大量的法规、导则和技术文件。

上述的考虑有许多都是正确的，目前还在应用之中。但如果说一切事故无例外地都在考虑之中，那就有片面性了。

实际上，当时的核安全水平还是存在一定的不足。那段时期曾发生多次核事故。1976 年 3 月 28 日还发生了美国三哩岛核电厂事故。

（2）三哩岛事故后：加强人机接口和考虑严重事故的预防和缓解

三哩岛事故的起因是蒸汽发生器主给水故障中断，而应急给水阀门在此前的维修后没有打开，这就造成一个失去全部给水事故，继而又发生稳压器卸压阀卡开故障，当时提供给系统的信号不全，又没有合适的操作规程。操纵员根据正常情况下的规程，关闭了自动触发

的高压安注，由于堆芯长时间没有得到补水而严重损坏。由于安全壳的防护，没有造成大量放射性物质释放。

三哩岛事故使核工业界得到很多的教益，人们认识到严重事故是可能发生的，它往往是多重设备故障和人因错误综合作用而造成的。三哩岛事故证明核电厂设计的纵深防御概念在严重事故下依然有效。核电工作者学到了应该注意更为实际而非戏剧性的故障与事故（如小破口事故、阀门问题、电气问题等）；人因错误问题更加受到注意，提出人员的培训和再培训的重要性，主控制室应当改进，特别是有关安全参量的显示；并拓展事故处理规程的范围和内涵。设计上在多方面也作了改进。这些改进提高了核电厂预防和缓解严重事故的能力。

（3）切尔诺贝利事故后，倡导安全文化

仅仅过了几年，1986 年 4 月 26 日，前苏联切尔诺贝利 4 号机组发生了强烈爆炸，堆芯的大部分放射性物质从核电厂释放出来，造成环境污染，大量人员撤离。这引起了社会的恐慌，在一个时期内，影响了世界核电的发展。

对于这次事故，尽管存在技术上的欠缺，人的失误和违章是另一方面的重要因素。但根本原因，应归于原苏联各级主管部门安全管理方面的缺失和人员核安全意识的淡薄。因为这种堆型的技术缺点，在别的同类核电厂早已发现，并向有关部门专门写了报告，但未引起有关方面重视。另外，在引起事故的整个试验过程中，没有任何安全人员进行监督管理。

核能界对此事故作了深刻的反思和总结，对核安全管理有了进一步的重视，形成了安全文化理念。

为了加强 IAEA 在保证核安全方面的作用，1986 年，IAEA 邀请了核安全领域的一流专家组成了“国际核安全咨询组(INSAG)”。其主要任务是提供一个讲坛，交流有国际意义的核安全情报，并系统提出一些普遍适用的核安全概念。核领域的“安全文化”是在 1986 年由 IAEA 出版的安全从书 INSAG-1《关于切尔诺贝利事故后审议会议总结报告》中首次提出的管理术语。1988 年，IAEA 出版的 INSAG-3(1999 年，升版为 INSAG-12)《核电厂基本安全原则》中作了进一步阐述，安全文化被强调为基本的管理原则。这两份报告出版后，“安全文化”这一术语在核安全领域中被越来越多地使用。

1991 年，INSAG 为了使“安全文化”这一理念更好地发挥作用，出版了 INSAG-4《安全文化》专门报告。

在 INSAG-4 专门报告中深入地论述了：安全文化的定义、特征和实质，使对安全文化有一个共同的理解；安全文化对决策层、管理层和个人三层次的要求；一系列问题和定性的“指标”(index)用以衡量不同层次所达到的安全文化程度，给看起来抽象的“安全文化”赋予了物化的内容，为安全文化在实际中的应用做出了十分有意义的探索与指导。

INSAG-4 奠定了核能界安全文化的基础，这一报告至今仍是核能界推行安全文化的经典报告。安全文化作为一项高境界的管理原则，在全世界核电业界已得到倡导、实施和推广，并且得到不断发展和完善，在创造核电厂优良业绩中发挥重要的作用。

1.2.2 安全文化的定义、特性和实质

（1）安全文化的定义

安全文化的定义：安全文化是存在于单位和个人中的种种特性和态度的总和，它建立一

种超出一切之上的观念，即核电厂安全问题由于它的重要性要保证得到应有的重视。

安全文化指的是“从事核安全相关活动的全体人员的献身精神和责任心”（INSAG-3），其进一步解释可以概括成一句关键的话——一个完全充满“安全第一”的思想，这种思想意味着内在的探索态度、谦虚谨慎、精益求精，以及鼓励核安全事务方面的个人责任心和整体自我完善。

安全文化要求：所有有关机构必须制订与实施核安全政策，应认识到它的重要性不仅体现在实践的本身，而且也体现在由它造成的安全自觉性的环境之中。安全文化还要求：确定责任与联络的明确界限；制定完整的规程，并要求严格遵守这些规程；进行安全有关活动的审评；工作人员要接受培训，取得履行他们职责的资格。

安全文化既是态度问题，又是体制问题，既和单位有关，又和个人有关，同时还涉及在处理所有核安全问题时所应有的正确理解和应采取的正确行动。安全文化是对核安全起作用的所有单位和个人的完美属性的总和。

倡导安全文化是核电厂一项基本管理原则。核电厂发生的任何问题在某种程度上都与人为错误有关，然而人的才智在查出和消除潜在的问题方面是十分有效的。因此，所有与安全相关的单位和个人都必须按照安全文化的规范来进行每一项工作。倡导安全文化是在立法和监管要求之外保持一个加强安全的自我约束方法。

（2）安全文化的特性

1）安全文化的有形导出——INSAG-4 的第二项建议

工作态度、思维习惯和单位的工作作风往往是抽象的，但是这些品质都可以引出种种有形的表现。要寻找各种办法，利用具体表现来检验那些内在的隐含的东西。INSAG-4《安全文化》原附录给出了各种“指标”，可用以衡量不同层次所达到安全文化的程度，给看起来抽象的安全文化赋予了物化内容，为安全文化在实际中的应用做出了十分有意义的探索与指导。这里给出附录中针对个人态度的一个例子：“一个操纵员或检修人员在遵照某一书面规程行事时，如果他认为某一步骤有错，他会怎么做?”该问题的回答是：出现问题，停下来思考，需要时请求帮助，直到把问题解决，才进行下一步工作。切忌贪图省事，放弃程序，“走捷径”。

2）安全文化的主动精神——INSAG-4 的第三项建议

虽然良好的工作方法本身是安全文化的一个重要的组成部分，但若仅仅机械地执行是不够的，还要求工作人员具有高度的警惕性、实时的见解、丰富的知识、正确无误的判断和强烈的责任感来正确执行所有的安全重要职责。

这种在安全文化方面的个人响应可以表现为职工三个方面的优良品德：探索的工作态度、严谨的工作方法和相互交流的工作习惯。

（3）安全文化的实质

安全文化的实质是在核电厂内建立一整套科学而严密的规章制度和组织体系，在核电厂内营造人人自觉关注安全的氛围，通过培训，提高员工的知识技能，培养员工遵章守纪的自觉性和良好的工作习惯，从而提高人员绩效和核电厂的安全性能。

1.2.3　安全文化的组成

安全文化有两大组成部分：一是单位内部必要的体制和管理部门的逐级责任制；二是各

级人员的响应。INSAG-4 给出了《安全文化》示意图，如图 1-2-1 所示，并分为对决策层的要求，对管理层的要求和个人的响应三个方面进行论述。

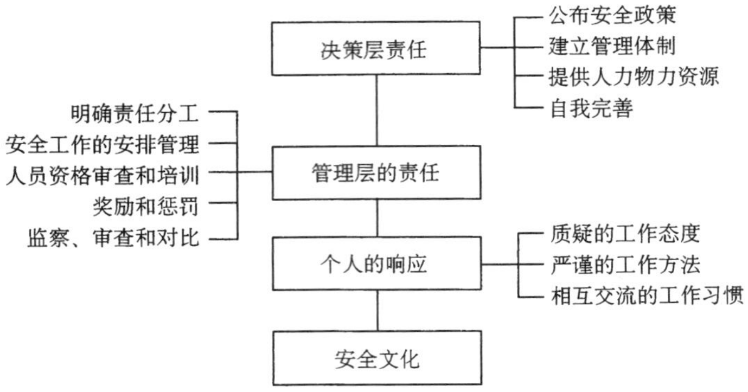

图 1-2-1 安全文化示意图

1.2.3.1 对决策层的要求

凡属重要的活动，人们的行为方式总是受高层领导提出的要求所支配。影响核电厂安全的最高层领导是立法层，他们为国家奠定了安全文化的基础。

政府的职责是审管核电厂及其他潜在有害设施和建立起明确的安全法规，以保护职工、公众和环境。立法机构由必要的咨询和管理部门作后盾。管理部门应拥有足够的人力、资金和权力履行其义务，使工作不受任何不必要的干扰。这样就能在全国范围内形成一种气氛，即安全是每天都要关心的事项。同时，政府还鼓励国际交流，以提高安全水平，并力求减少来自商业或政治方面对这类交流的阻碍。

（1）公布安全政策

凡从事与核电厂安全有关活动的单位都要发表安全政策声明，把其所承担的责任广而告之，让人人明白。该声明就是全体工作人员的行动指南，并宣告该单位的工作目标和公司管理人员在该电厂安全方面的公开承诺。

核电厂营运单位对该核电厂的安全负有完全的和法定的责任。它们的安全政策声明应是明确的，并应向全体工作人员公布。声明中要承诺，所有与核电厂安全有关的重要活动都应达到优秀的程度，说明核电厂安全具有最高的优先权，必要时可以不顾生产或工程进度的要求。

审管部门在它的权限范围内对核电厂安全具有重大影响，而且，要把行之有效的安全文化渗透到本单位及其工作人员中去，这个原则也要在安全政策声明中加以说明，要把执行法律，促使提高核电厂安全水平，更好地保护工作人员、公众和环境作为一种承诺。

协作单位包括负责设计、制造、施工和研究的单位，这些单位对核电厂安全均有着重大的影响，他们的主要责任是保证产品的质量，其中既包括设计、制造的设备、安装的系统、安全分析报告或是软件开发，也包括其他任何对安全重要的产品。保证产品质量的现行指令性政策的实践是这些单位安全文化的根本。只有保证产品质量，将来运行人员才能实现安全运行。

（2）建立管理体制

安全政策的实施首先要求在安全事务方面有明确的责任制。

实现这一要求的具体方法与各单位所执行的任务有关。但是，其中有一点对任何单位都是至关重要的，这就是要在文件上明确责任，通过建立清晰的汇报渠道，尽量简化接口，使从事核电厂安全事务的各单位之间有极其明确的权限。

在对核电厂安全有重要影响的一些大单位内部要设立独立的管理部门，这些部门负责核安全活动的监察。

这类监察部门的任务是详细考查电厂的安全活动，他们直接向高层领导汇报，从而保证把安全责任结合到管理体系中并使其具有与其他主要功能相适应的突出地位。协作单位也采用类似的方法来保证产品质量，也就是开展监察和审查，并将结果向高层领导报告。

（3）提供人力物力资源

确保安全所需要的充足的人力与物力。

必须拥有足够的有经验的职工，并辅以必要的顾问或合同承包人，这样在完成与核电厂安全有关的工作时就会从容不迫。人事制度应保证把有能力的人员及早提拔到关键岗位上去。人员的培训至关重要，应保证有足够的培训人员和经费。保证所有的职工在从事与安全有关的工作时能配备必要的设备、装置和各种技术手段。此类职工的工作环境要好，保证他们能有效地完成工作。

（4）自我完善

作为一项政策，各单位都应该对与核电厂安全有关的工作进行定期审查。

1.2.3.2　对管理层的要求

每个人的工作态度深受他们各自工作环境的影响。使每个人都具备良好的安全文化的基础是在实践中形成有益于安全的工作环境和养成重视安全的工作态度，管理层的责任就是根据本单位的安全政策和目标开展工作。

（1）明确责任分工

特有的、清晰的授权制可以使每个人职责分明。

分配给每个人的责任必须十分明确并应详细地写成文件，不得含混。授权中个人职权和责任的总体划分必须经过审查，保证不遗漏、不重叠、不含混不清。此外，每个人还应了解他的责任与其他班组责任之间的关系。特别要强调电厂厂长（经理）对核电厂安全的责任。

（2）安全工作的安排和管理

管理层应确保高标准严要求地完成各项与核安全有关的工作。

为了保证工作能按规定进行，经理们应建立一套监督和管理制度，强调文明生产。

（3）人员资格审查与培训

管理层应确保工作人员都能充分胜任自已所承担的工作。

管理层不仅要对每一个工作人员灌输技术技能，培养他们严格遵守程序的工作习惯，而且还应该对他们进行更广泛的培训，促使每个人了解他们工作的重要意义和由于错误理解或缺乏谨慎而导致失误会造成的后果。

如果工作人员缺乏上述认识，他们可能对出现的核安全问题视而不见，或由于缺乏风险意识而可能采取错误的行动。

(4) 奖励与惩罚

归根结底,完美无缺的工作取决于每个人的行为,同时也受到个人和集体工作积极性和工作态度的影响,管理层应该奖励那些在核安全方面有突出表现的人员,并且给予一定的物质奖励。

当发生差错时,注意力不要过多地放在错误本身,而应更注意从中吸取经验教训。管理层应鼓励每个人去发现自己工作中的不完善之处,向上级汇报并加以改正,从而既帮助自己也帮助别人避免今后重犯。必要时,应派人帮助他们改进后来的工作。很重要的一点是,奖励制度不要鼓励那些危及安全的高产值。换而言之,不只是基于产值而是要与安全生产联系起来。

对于重复出现的问题或严重的失误,管理层要负责采取纪律措施,否则会危及安全。但是具体做法要慎重,处罚不应导致人们隐瞒错误。

(5) 监督、审查与对比

管理层在贯彻质保措施以外,还要负责实施一整套的监督措施,例如对培训计划、人事任命程序、工作方法、文件管理和质保系统等定期审查。

最好是邀请不同岗位上的专家或者外单位的专家,他们会带来广阔的视角和不同的经验,推动竞争,鼓励引进在其他地方已经采用的好办法。

1.2.3.3 个人的响应

前面介绍了如何从总体上建立卓有成效的安全文化,还重点介绍了管理人员的责任。全体工作人员都必须在这些规章制度中办事。由于安全文化特别与个人行为有关,工作人员承担着安全责任,有些工作还有直接责任的性质。我们可以看到,异常事件往往是在这样情况下发生的,即当核电厂人员没有认识到他们的行动对安全的重要含义时;或者当他们违反规程时;他们不知道电厂的实际情况时;或当他们被不完整的数据或不正确思维方式引入歧途时,或者不完全理解他们所负责的电厂时,异常事件就发生了。在核安全事务中凡争取有优异成绩者,其人品特性应该是:质疑的工作态度;严谨的工作方法;相互交流的工作习惯;三者相加的结果就是对安全的一大贡献。

质疑的工作态度,要求做到:

(1) 对工作有预想,要求工作条件、计划判断、决策等符合现实情况,操作时要想到设备的反应。

(2) 懂得工作与安全的关系,有风险意识。

(3) 对不确定因素及危害加以关注,不要对不合理的事情给予“合理”的假设,不能见怪不怪。

(4) 用多种方法独立验证结论。

严谨的工作方法要求做到:

(1) 每项工作,先弄懂程序。

(2) 采用严格的工作方法(如“三向”交流,自我检查,STAR 工作方法),按程序办事。

(3) 出现问题,停下来思考,需要时请求帮助,直到把问题解决,才进行下一步工作。

(4) 切忌贪图省事,放弃程序,“走捷径”。

相互交流的工作习惯要求做到:

(1) 认真学习,参加工作的人员有一个正确的统一理解,不能不懂装懂,似懂非懂。

(2) 重视所从事工作的经验反馈，吸取别人的经验教训，防止重犯同样的错误。

(3) 在班组会上、讨论会上充分发表意见，在各种报告上写出自已的意见，不隐瞒任何自已见到的隐患和问题。

(4) 认识到交流信息的重要性，注意清晰正确地传达信息。

质疑的工作态度、严谨的工作方法以及必要的相互交流是个人卓有成效的安全文化的全部内容，其结果是可以得到高水平的安全，在完成专业性的重要任务时也会取得个人荣誉。

1.3　核安全法律和法规

核安全法律和法规是由国家立法机构或行政机构颁布的，与核安全有关的法律、法令、条例、章程等文件的总称。

核安全法规的作用和地位如下：

(1) 核安全法规提出了保证核安全必须满足的要求(最低要求)，是实现核安全总目标的基础，使核设施工作人员、公众和环境不会遭受放射性危害。

(2) 核安全法规具有法律强制性，使得必要的要求不致被忽略，保证核安全总目标得以实现。

(3) 核安全法规构成了一整套的条件，在这样的条件下，可防止发生事故，如果发生事故，则可减轻其后果，不会造成不可接受的后果，因此核安全法规是必不可少的安全屏障。

理解核安全法规的作用和地位，我们会重视核安全法规，自觉地遵守核安全法规。

我国核安全法规体系分五个层次：国家法律、国务院行政法规、部门规章、指导性文件和参考性文件。图 1-3-1 给出我国核安全法规体系的层次。

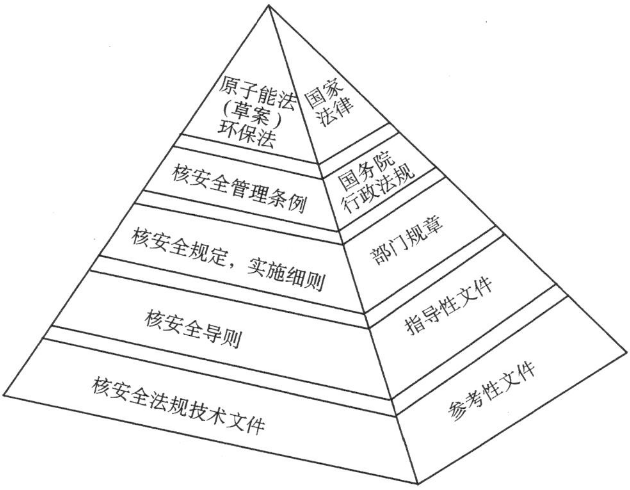

图 1-3-1　核安全法规体系层次图

1.3.1 第一层次:国家法律

图 1-3-1 中核安全法规体系的第一层次为国家法律,它包括:原子能法,环境保护法等。

1. 原子能法(待批)

这是调整和促进原子能事业发展的法律文件。它既规定了原子能事业发展的方针政策,又规定了核安全监督管理的要求,是在原子能领域中具有最高法律效力的文件。

2. 环境保护法(1989 年 12 月)

环境保护法是保护和改善生活环境、防治污染、保障人体健康和促进社会发展的法律。

3. 放射性污染防治法(2003 年 6 月)

放射性污染防治法是防止在核能开发、核技术应用及伴生矿物资源开发利用中由于废气排放、废液排放、固体废物以及贯穿辐射造成的环境污染,从而达到保护环境和保护公众健康的目的。

1.3.2 第二层次:国务院行政法规

图 1-3-1 中核安全法规体系的第二层次为国务院行政法规,即国务院颁发的核安全管理条例。这些条例是规定管理范围、管理机构及其职权、监督管理原则及程序等重大问题的规章,具有法律约束力。到目前为止,已经发布的核安全管理条例包括:

1. 民用核设施安全监督管理条例(HAF 001,1986 年 10 月)

这是国家核安全局成立(1984 年)后由国务院颁发的第一项与核安全有关的行政法规。该条例是核安全部门对全国民用核设施执行核安全监督的主要法律依据。它既授权国家核安全局对全国民用核设施安全实施统一监督,独立行使核安全监督权,也明确规定国家实行核设施安全许可制度,由国家核安全局负责制定和批准颁发核设施安全许可证件。

2. 核材料管制条例(HAF 501,1987 年 6 月)

为保证核材料的安全与合法利用,防止被盗、破坏、丢失、非法转让和非法使用,保护国家和人民群众的安全,国务院颁发此条例。该条例规定国家对核材料实施许可证制度,并规定了国家核安全局、国防科工委等部门在核材料管制方面的监督管理责任。对于核电厂而言,拥有核材料许可证在首次装料前申请,具体由运行部门负责。

3. 核电厂核事故应急管理条例(HAF 002,1993 年 8 月)

为加强核电厂核事故应急管理工作,控制和减少核事故危害,国务院发布此条例。该条例及其实施细则规定了核电厂管理单位的应急准备和应急响应活动以及国家政府部门的核事故应急管理职责。在申请核电站首次装料批准书时,必须向国家核安全局提交核电厂场内应急计划,具体由电厂运行部门负责编制。但在选址阶段中必须考虑实施应急计划的可行性,在设计阶段必须落实执行应急计划所需的各种设施。

4. 民用核安全设备监督管理条例(国务院 500 号令,2007 年 7 月)

为了加强对民用核安全设备的监督管理,保证民用核设施的安全运行,预防核事故,保障工作人员和公众的健康,保护环境,促进核能事业的发展,国务院颁发该条例。该条例所称民用核安全设备,是指在民用核设施中使用的执行安全功能的设备,包括核安全机械设备和核安全电气设备。

1.3.3 第三层次:部门规章

图 1-3-1 中核安全法规体系的第三层次为部门规章，由国家核安全局批准发布，具有法律约束力。主要包括核安全管理条例的实施细则和核安全规定。前者是针对核安全管理条例规定具体实施办法的规章；后者是规定核安全目标和基本安全要求的规章。

1. 民用核设施安全监督管理条例(HAF 001)的两个实施细则

(1) 核电厂安全许可证条件的申请和颁发(HAF001/01,1993 年 12 月)

该实施细则规定对核电厂实施厂址选择、建造、调试、运行和退役五个阶段的安全监督管理，并规定了这五个阶段安全许可证件申请和颁发的有关活动和必须遵守的条件。

(2) 核设施的安全监督(HAF 001/02,1995 年 6 月)

该实施细则规定了在核设施各阶段对与核安全有关的全部物项和活动进行核安全监督的目的、依据、内容以及国家核安全局的监督职责和对营运单位的要求。

2. 核安全规定

核安全规定也是强制执行的法规。对于核电厂的建造和运行来说，必须遵照执行的有：

(1) 核电厂质量保证安全规定(HAF 003,1991 年 7 月)

(2) 核电厂厂址选择安全规定(HAF101,1991 年 7 月)

该规定提出了陆上固定式热中子反应堆核电厂厂址选择中在核安全方面应遵循的准则和程序，总的要求是“评价那些与厂址有关的而且必须考虑的因素，以保证核电厂在整个寿期内与厂址的综合影响不致构成不能接受的风险”。

(3) 核动力厂设计安全规定(HAF 102,2004 年 4 月)

该规定提出陆上固定式热中子反应堆核电厂的核安全原则以及安全重要构筑物、系统和部件设计中必须满足的要求。

(4) 核动力厂运行安全规定(HAF 103,2004 年 4 月)

该规定对陆上固定式热中子反应堆核电厂的运行提出了必须满足的基本要求，规定的内容涉及核电厂的管理、调试、运行和退役有关的安全问题。

(5) 放射性废物安全监督管理规定(HAF 401,1997 年 11 月)

该规定阐明放射性废物管理的目标和原则以及放射性废物的安全监督管理职责和放射性废物安全管理的重要环节。这里简要介绍放射性管理的目标和原则。

(6) 民用核安全设备设计制造安装和无损检验监督管理规定(HAF 601,2007 年 7 月)

(7) 民用核安全设备无损检验人员资格管理规定(HAF 602,2007 年 7 月)

(8) 民用核安全设备焊工焊接操作工资格管理规定(HAF 603,2007 年 7 月)

(9) 进口民用核安全设备监督管理规定(HAF 604,2007 年 7 月)

(10) HAF201《研究堆设计安全规定》

(11) HAF202《研究堆运行安全规定》

(12) HAF301《民用核燃料循环设施安全规定》

1.3.4 第四层次:指导性文件

核安全导则是对核安全规定说明或补充以及推荐有关方法和程序的指导性文件。核安全导则不是强制执行的文件。通常，在各核安全导则中都会说明可以采用与本导则推荐的方法不同的其他适宜的方法，但必须向国家核安全局证明所采用的方法具有与本导则相等的安全水平。

1. 与核电厂质量保证安全规定对应的核安全导则

——HAD003/01 核电厂质量保证大纲的制定(1988 年 10 月)

——HAD003/02 核电厂质量保证组织 (1989 年 4 月)

——HAD003/03 核电厂物项和服务采购中的质量保证(1986 年 10 月)

——HAD003/04 核电厂质量保证记录制度(1986 年 10 月)

——HAD003/05 核电厂质量保证监查(1988 年 1 月)

——HAD003/06 核电厂设计中的质量保证(1986 年 10 月)

——HAD003/07 核电厂建造期间的质量保证(1987 年 4 月)

——HAD003/08 核电厂物项制造中的质量保证(1986 年 10 月)

——HAD003/09 核电厂调试和运行期间的质量保证(1988 年 1 月)

——HAD003/10 核燃料组件采购、设计和制造中的质量保证(1989 年 4 月)

2. 与核电厂厂址选择安全规定对应的核安全导则

——HAD101/01 核电厂厂址选择中的地震问题(1994 年修订)

——HAD101/02 核电厂厂址选择的大气弥散问题(1987 年 11 月)

——HAD101/03 核电厂厂址选择及评价的人口分布问题(1987 年 11 月)

——HAD101/04 核电厂厂址选择的外部人为事件(1989 年 11 月)

——HAD101/05 核电厂厂址选择中的放射性物质水力弥散问题 (1991 年 4 月)

——HAD101/06 核电厂厂址选择与水文地质的关系(1991 年 4 月)

——HAD101/07 核电厂厂址查勘(1989 年 11 月)

——HAD101/08 滨河核电厂厂址设计基准洪水的确定(1989 年 7 月)

——HAD101/09 滨海核电厂厂址设计基准洪水的确定(1990 年 5 月)

——HAD101/10 核电厂厂址选择的极端气象现象(1991 年 4 月)

——HAD101/11 核电厂设计基准热带气旋(1991 年 4 月)

——HAD101/12 核电厂的地基安全问题(1990 年 2 月)

3. 与核电厂设计安全规定对应的核安全导则

——HAD102/01 核电厂设计总的安全原则(1989 年 7 月)

——HAD102/02 核电厂的抗震设计与鉴定(1996 年修订)

——HAD102/03 用于沸水堆、压水堆和压力管式反应堆的安全功能和部件分级(1986 年 10 月)

——HAD102/04 核电厂内部飞射物及其二次效应的防护(1986 年 10 月)

——HAD102/05 与核电厂设计有关的外部人为事件(1989 年 11 月)

——HAD102/06 核电厂反应堆安全壳系统的设计(1990 年 5 月)

——HAD102/07 核电厂堆芯的安全设计(1989 年 7 月)

——HAD 102/08 核电厂反应堆冷却剂系统及其有关系统(1989 年 4 月)

——HAD102/09 核电厂最终热阱及其直接有关的输热系统(1987 年 4 月)

——HAD 102/10 核电厂保护系统及有关设施(1988 年 10 月)

——HAD 102/11 核电厂防火(1996 年修订)

——HAD 102/12 核电厂辐射防护设计(1990 年 5 月)
——HAD102/13 核电厂应急动力系统(1996 年修订)
——HAD102/14 核电厂安全有关仪表和控制系统(1988 年 10 月)
——HAD102/15 核电厂燃料装卸和贮存系统(1990 年 2 月)

4. 与核电厂运行安全规定对应的核安全导则

——HAD103/01 核电厂运行限值和条件(1990 年 2 月)
——HAD103/02 核电厂调试程序(1987 年 4 月)
——HAD103/03 核电厂堆芯和燃料管理(1989 年 11 月)
——HAD103/04 核电厂运行期间的辐射防护(1990 年 5 月)
——HAD103/05 核电厂人员的配备、招聘、培训和授权(1996 年修订)
——HAD103/06 核电厂安全运行管理(1990 年 2 月)
——HAD103/07 核电厂在役检查(1988 年 10 月)
——HAD103/08 核电厂维修(1993 年修订)
——HAD103/09 核电厂安全重要物项的监督(1993 年修订)

1.3.5 第五层次:参考性文件

国家核安全局还发布了一些有关核安全的技术文件,作为参考性文件。技术文件一般为经翻译转化的 IAEA 颁发的技术文件,或针对某个具体的核设施项目或核安全活动提出的技术见解等文件。

复习思考题

1. 核电厂有哪些潜在的危险性?
2. 什么是核安全文化?
3. 核安全有哪三个发展阶段?各阶段的特点是什么?
4. 简述安全文化的特性。
5. 简述安全文化的实质。
6. 我国核安全法规分哪五个层次?各由哪个部门发布?它们的法律性质如何?

第二章　核安全的基本原则

2.1　核电厂安全的总目标

核能与任何一种对于人类和环境具有一定风险的工业活动一样，均须尽力降低风险。核能的风险与电离辐射有关。

总的核安全目标是指在核动力厂中建立并保持对放射性危害的有效防御，以保护人员、社会和环境免受危害。

总的核安全目标由辐射防护目标和技术安全目标所支持，这两个目标相互补充、相辅相成，技术措施与管理性和程序性措施一起保证对电离辐射危害的防御。

辐射防护目标是指保证在所有运行状态下核动力厂内的辐射照射或由于该核动力厂任何计划排放放射性物质引起的辐射照射保持低于规定限值并且合理可行尽量低，保证减轻任何事故的放射性后果。

技术安全目标是指采取一切合理可行的措施防止核动力厂事故，并在一旦发生事故时减轻其后果；对于在设计该核动力厂时考虑过的所有可能事故，包括概率很低的事故，要以高可信度保证任何放射性后果尽可能小且低于规定值；并保证有严重放射性后果的事故发生的概率极低。

为了实现上述安全目标，在设计核动力厂时，要进行全面的安全分析，以便确定所有照射的来源，并评估核动力厂工作人员和公众可能受到的辐射剂量，以及对环境的可能影响。此种安全分析要考察以下内容：

(1) 核动力厂所有计划的正常运行模式；

(2) 发生预计运行事件时核动力厂的性能；

(3) 设计基准事故；

(4) 可能导致严重事故的事件序列。

在分析的基础上，确认工程设计抵御假设始发事件和事故的能力，验证安全系统和安全相关物项或系统的有效性，以及确定应急相应的要求。

尽管采取措施将所有运行状态下的辐射照射控制在合理可行尽量低，并将能导致辐射来源失控事故的可能性减至最小，但仍然存在发生事故的可能性。这就需要采取措施以保证减轻放射性后果。这些措施包括：专设安全设施、营运单位制定的厂内事故处理规程以及国家和地方有关部门制定的厂外干预措施。核动力厂的安全设计使用以下原则：能导致高辐射剂量或大量放射性释放的核动力厂状态的发生概率极低；具有大的发生概率的核动力厂状态只有较小或者没有潜在的放射性后果。

核电厂安全目标的数量指标：按照纵深防御原则贯彻了事故预防和事故缓解对策的核电厂，我国要求严重堆芯熔化事故的发生概率应低于 10^{-5}/(堆·年)，大规模放射性释放事故概率不超过 10^{-6}/(堆·年)。美国在 1985 年编制的核电厂用户要求文件中提到发生严重堆芯熔化事故的概率应低于 10^{-5}/(堆·年)，大规模放射性释放事故概率不超过 10^{-6}/

（堆·年），与我国的标准是一样的。安全目标的数量指标是衡量安全程度的一个尺度，可以评价核电厂符合安全的程度，明确改进方向。

2.2　核电厂有关安全的基本设计思想

核电厂设计思想是设置纵深防御措施及建立防止放射性物质释放的多道屏障。

2.2.1　纵深防御措施

为了达到核安全目标，核电厂设置安全设施和措施时采用了多层次设防的总的指导原则，这就是纵深设防原则。这一原则是针对核电厂特有的潜在的危险性而确定的。核电厂利用多层次的安全设施保护一系列的实体屏障，使得个别的人因差错或机械失效可得到补救或改正，不会伤害公众或影响环境，甚至在极不可能发生的多重失效致使实体屏障不完全有效的情况下，也能保持三项基本安全功能（停堆，冷却燃料及包容放射性物质），对公众和环境不致造成极大的危害。

纵深防御概念贯彻与安全有关的全部活动，包括与组织、人员行为或设计有关的方面，以保证这些活动均置于重叠措施的防御下，即使有一种故障发生，它将由适当的措施探测、补偿或纠正。在整个设计过程贯彻纵深防御，以便对由厂内设备故障或人员活动及厂外事件等引起的各种瞬变、预计运行事件及事故提供多层次的保护。

纵深防御设施包含正常运行设施、停堆保护系统、专设安全设施、特殊安全设施和厂外应急设施五个层次，前三个层次实施事故预防对策，特别是预防可能引起严重堆芯损坏的事故，是获得安全的主要手段，后两个层次实施事故缓解对策，作为发生事故后的补救，减弱事故的影响。

核电厂各层次的纵深防御设施有着相互保护、相互补充的密切关系，构成一个均称合理的工作整体。在核电厂处于正常运行的所有时间内，全部防御设施都应处在工作或备用状态。这样才能保证在其他时刻，有恰当层次可用。在某一防御层次或安全设备不可用时，反应堆就应停闭。

纵深防御的五个层次如下：

第一层次：高质量的设计、施工及运行，使偏离正常运行状态的情况很少发生。

防御的目的是防止偏离正常运行及防止系统失效。这一层次要求按照恰当的质量水平和工程实践，例如多重性、独立性及多样性的应用，正确并保守地设计、建造、维修和运行核动力厂。

为此，应十分注意选择恰当的设计规范和材料，并控制部件的制造和核动力厂的施工。能有利于减少内部灾害的可能、减轻特定假设始发事件的后果或减少事故序列之后可能的释放源项的设计措施均在这一层次的防御中起作用。还应重视涉及设计、制造、建造、在役检查、维修和试验的过程，以及进行这些活动时良好的可达性、核动力厂的运行方式和运行经验的利用等方面。整个过程是以确定核动力厂运行和维修要求的详细分析为基础。

第二层次：设置停堆保护系统和相应的支持系统，防止运行中出现的偏差发展成为事故。

防御的目的是检测和纠正偏离正常运行状态，以防止预计运行事件升级为事故工况。

尽管注意预防，核动力厂在其寿期内仍然可能发生某些假设始发事件。这一层次要求设置在安全分析中确定的专用系统，并制定运行规程以防止或尽量减小这些假设始发事件所造成的损害。

第三层次：设置专设安全设施，限制设计基准事故的后果，防止发生堆芯熔化的严重事故。

防御是尽管极少可能，某些预计运行事件或假设始发事件的升级仍有可能未被前一层次防御所制止，而演变成一种较严重的事件。这些不大可能的事件在核动力厂设计基准中是可预计的，并且必须通过固有安全特性、故障安全设计、附加的设备和规程来控制这些事件的后果，使核动力厂在这些事件后达到稳定的、可接受的状态。这就要求设置的专设安全设施能够将核动力厂首先引导到可控制状态，然后引导到安全停堆状态，并且至少维持一道包容放射性物质的屏障。

第四层次：利用特殊设计设施，进行事故管理。

防御的目的是针对设计基准可能已被超过的严重事故的，并保证放射性释放保持在合理可能尽量低。这一层次最重要的目的是保护包容功能。除了事故管理规程之外，这可以由防止事故进展的补充措施与规程，以及减轻选定的严重事故后果的措施来达到。

第五层次：厂外应急设施和措施，减少对居民与环境的影响。

防御的目的是减轻可能由事故工况引起潜在的放射性物质释放造成的放射性后果。这层次要求有适当装备的应急控制中心及厂内、厂外应急响应计划。

2.2.2 设置多道屏障

纵深防御应用的另一个方面是在设计中设置一系列的实体屏障，以包容规定区域的放射性物质。核电厂普遍采用四道实体屏障，即燃料芯块、燃料元件包壳、反应堆冷却剂系统承压边界和安全壳及安全壳系统。另外，反应堆冷却剂、安全壳内空间及厂外的防护距离也都可视为缓解放射性危害的屏障。正常运行时，大部分放射性裂变产物保持在燃料芯块内，部分气态裂变产物处在芯块与包壳之间气隙内。燃料元件包壳将全部裂变产物密封在其内部，形成第一道屏障。在燃料元件包壳有破损的情况下，部分裂变产物释放到反应堆冷却剂系统，通过冷却剂的净化而控制对环境的释放，形成第二道屏障。在燃料元件包壳破坏，同时又发生反应堆冷却剂承压边界破损的情况下，裂变产物将释放到安全壳内，安全壳及安全壳系统，如安全喷淋系统、安全壳隔离系统将使裂变产物留在安全壳之内，而后通过处理，控制对环境的释放。

纵深防御原则主要通过一系列实体屏障来实施，只有在这些实体屏障全部完好且能发挥其设计功能时，才允许功率运行。对于每一道实体屏障，都需要按纵深防御原则采取一系列措施加以保护，来提高它们的可靠性，防止这些屏障受到过分的冲击，防止它们受到损害而失效，并且防止多道屏障相继损坏。

纵深防御概念在核动力厂设计过程中加以体现：

(1) 设计必须提供多重的实体屏障，防止放射性物质不受控制的释放到环境；

(2) 设计必须是保守的，建造必须是高质量的，从而为使核动力厂的故障和偏离正常运行减至最少并为防止事故提供了可信度；

(3) 设计必须利用固有特性和专设设施在发生假设始发事件期间及之后控制核动力厂

的行为，即必须通过设计尽可能地使不受控制的瞬变过程减至最少甚至排除；

(4) 设计必须对核动力厂提供附加控制，这些附加控制采用安全系统的自动触发，以便在假设始发事件的早期阶段尽量减少操纵员的动作，附加控制包括操纵员的动作；

(5) 设计必须实际可能提供控制事故过程和限制其后果的设备和规程；

(6) 设计必须提供多种手段来保证实现每项基本安全功能，即控制反应性、排出热量和包容放射性物质，从而保证各道屏障的有效性和减轻任何假设始发事件的后果。

为了贯彻纵深防御的概念，核动力厂设计必须尽实际可能地防止：

(1) 出现影响实体屏障完整性的情况；

(2) 屏障在需要它发挥作用时失效；

(3) 一道屏障因另一道屏障的失效而失效。

除极不可能的假设始发事件外，设计必须使第一层次至多第二层次防御能够阻止所有假设始发事件升级为事故工况。

复习思考题

1. 核安全总目标是什么？
2. 纵深防御的五个层次及四道安全屏障是什么？

第三章 事故分析的基本知识

3.1 事故分析常用概念

1. 六种典型运行工况(见表 3-1-1)

表 3-1-1 典型运行工况

	工 况	k_{eff}	热功率/%额定功率	冷却剂平均温度/℃
1	功率运行	≥0.99	>5	≥180
2	零功率	≥0.99	≤5	≥180
3	热准备	<0.99	0	≥180
4	热停堆	<0.99	0	95～180
5	冷停堆	<0.99	0	≤95
6	换料	<0.95	0	≤60

2. 三项基本安全功能

把安全视作整个设计过程中的内在要素,对于达到充分安全至为重要。本规定中所提出的安全对策的目的是:使核电厂保持在正常运行状态中;保证发生始发事件后,电厂能立即做出正确的近期响应以及在事故工况后便于处理。

为保证安全,必须满足下列总的设计要求:

(1) 必须提供安全停堆手段,使在运行状态中和事故工况期间及事故工况后的反应堆安全停堆,并使之保持在安全停堆状态。(控制反应性)

(2) 必须提供排除余热的手段,使停堆后(包括事故工况停堆后)从堆芯排出余热。(排出堆芯热量)

(3) 必须提供减少放射性物质释放的可能性的手段,并保证任何释放在运行状态期间低于规定限值,在事故工况期间低于可接受限值。(包容放射性物质和控制运行排放,以及限制事故释放)

对安全功能进行考虑是系统地满足上述设计总要求的一个处理方法。安全功能必须包括厂内各系统在运行状态中和事故工况期间及事故工况后为保证电厂安全所必须执行的所有功能。

3. 常用概念

(1) 运行状态

正常运行或预计运行事件两类状态的统称。

(2) 正常运行

核动力厂在规定运行限值和条件范围内的运行,包括停堆状态、功率运行、停堆过程、启动、维护、试验和换料。

(3) 预计运行事件

在核动力厂运行寿期内预计可能出现一次或数次的偏离正常运行的各种运行过程；由于设计中已采取相应措施，这类事件不致引起安全重要物项的严重损坏，也不导致事故工况。

(4) 事故工况

比预计运行事件更严重的工况，包括设计基准事故和严重事故。

(5) 设计基准事故

核动力厂按确定的设计准则在设计中采取了针对性措施的那些事故工况，并且该事故中燃料的损坏和放射性物质的释放保持在管理限值以内。

(6) 严重事故

严重性超过设计基准事故并造成堆芯明显恶化的事故工况。

(7) 事故管理

为使核电厂恢复到受控安全状态并减轻事故后果而采取的一系列阶段性行动。

行动阶段的顺序如下：

1) 事故序列在发展中，但尚未超出核电厂设计基准的阶段；

2) 发生严重事故，但堆芯尚未损坏的阶段；

3) 堆芯损坏后的阶段。

核电厂状态包括运行状态和事故状态，上述(1)～(7)这七个术语的相互关系参见图 3-1-1。

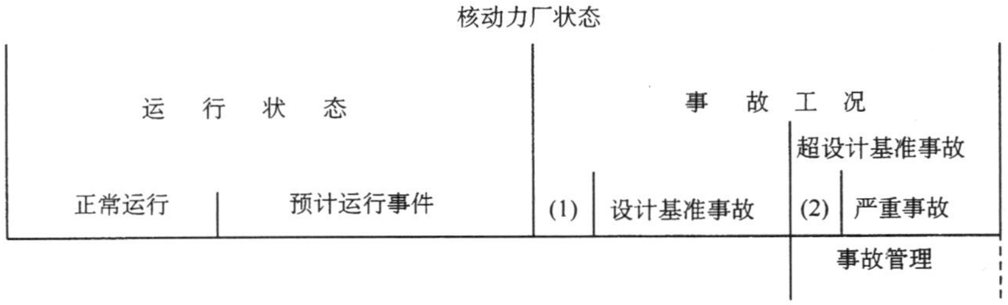

图 3-1-1　核电厂状态关系示意图

(1) 没有明确地考虑作为设计基准事故，但可为设计基准事故所涵盖的那些事故工况；

(2) 没有造成堆芯明显恶化的超设计基准事故。

(8) 安全系统

安全上重要的系统，用于保证反应堆安全停堆、从堆芯排出余热或限制预计运行事件和事故工况的后果。

(9) 保护系统

有各种电器件、机械器件和线路(从传感器到执行机构的输入端)组成的产生与保护功能相联系的信号系统。

(10) 安全执行系统

由保护系统触发用以完成必需的安全动作的设备组合。

(11) 安全系统辅助设施

为保护系统和安全执行系统提供所需的冷却、润滑和能源等服务的设备组合。

(8)～(11)这四个术语的相互关系参见图 3-1-2。

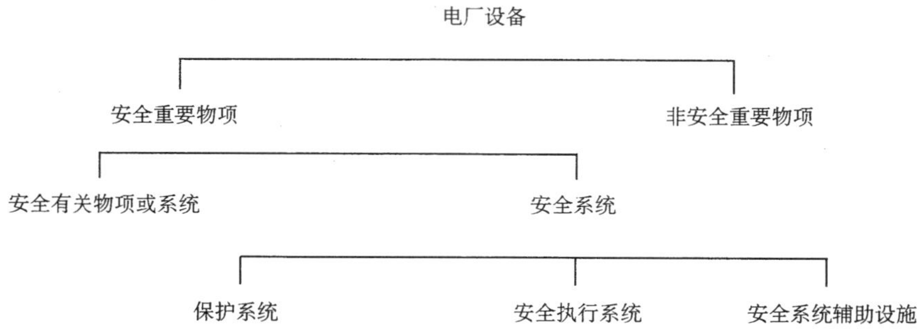

图 3-1-2 核电厂设备安全分级示意图

(12) 安全功能

为安全而必须达到的特定目的。

(13) 单一故障

导致某一部件不能执行其预定安全功能的一种随机故障。由单一随机事件引起的各种继发故障，均视为单一故障的组成部分。

(14) 能动部件

依靠触发、机械运动或动力源等外部输入而行使功能，因而能主动地影响系统工作过程的部件，如泵、风机、继电器和晶体管等。实际上这一定义只能是比较笼统的(非能动部件的定义也是如此)。某些部件，如爆破膜、逆止阀、安全阀、喷射器和某些固态电子器件等，需要对其特性进行专门研究后方可列属能动部件或非能动部件。

(15) 非能动部件

无需依赖外部输入而执行功能的部件。非能动部件内一般没有活动的组成部分，其功能的执行在感受到某种参数，如压力、温度、流量的变化后完成。然而，基于不可逆动作或变化、又十分可靠的部件，可划为这个类别。非能动部件的例子有：热交换器、管道、容器、电缆和构筑物。

(16) 能动故障

能动部件发生故障，如泵不能启动或电动阀不能到达所要求的位置。

(17) 非能动故障

边界泄露或流道阻塞(但不能完全失去安全功能)。注意泄漏不等于破裂，规定 30 min 内泄漏率不超过 200 L/min。

(18) 短期阶段

紧接着事故发生后的一段时间，在这段时间内核电厂系统实行自动保护动作，操作人员证实系统的响应；鉴定事故的类型及确定出随后长期阶段中应采取的措施。

(19) 长期阶段

在短期阶段之后的系统运行时间，在此阶段内要求系统发挥其安全功能，主要关心限制放射性释放及把核电厂导向安全停堆工况，允许工作人员要进入安全壳，要对损坏设备进行检修。

在法国实践中，短期阶段指事故发生后 24 h 以内，长期阶段指 24 h 以后。在美国实践中，短期阶段又称注射阶段，在这阶段中，安全注射系统从换料水箱取水；长期阶段又称再循环阶段，在这阶段中，安全注射系统从安全壳再循环地坑取水。

(20) 安全系统整定值

为防止出现超过安全限值的状态，在发生预计运行事件和事故工况时启动有关自动保护装置的触发点。

(21) 多重性

通过设置数量高于最低需要的单元或系统（相同的或不同的）以达到任一单元或系统的失效不致于引起所需总体安全功能丧失的措施。

(22) 多样性

为执行某一确定功能设置多重部件或系统，这些部件或系统总体来说具有一个或几个不同属性。（例如不同的运行条件、大小不等的设备、不同的制造厂、不同的工作原理以及基于不同物理方法、不同类型的设备。）

3.2 核电厂事故分析的方法

事故分析采用确定论及概率论方法，这两种方法相辅相成。设计基准事件的分析，以确定论方法为主；严重事故的分析，两种方法并用，侧重于概率论方法。

3.2.1 确定论安全分析

从系统及部件失效和损坏，或人员失误的角度，假定事故确定地发生，按照分析问题的要求，选用保守或现实模型以及一系列规则和假设，分析计算整个核电厂系统的响应，直至得到该事故的放射性后果。

(1) 保守模型

又称评价模型。在分析中采用的初始条件及各项参数，均须从不利方面加上不确定性。要选用保守的各种关系式及标准，此外还必须考虑四项基本假设。保守模型一般用于核电厂安全审批过程，在该模型中考虑了最不利的情况，得出的是事故后果的极限值，给核电厂留有相当大的安全裕度。其缺点是分析所得的事故过程，有时与真实情况相差较远，使工作人员不能了解过程的实际变化。

(2) 现实模型

又称最佳估算模型。在分析中采用核电厂的运行参数或参数的平均值，尽量选用接近真实情况的关系式及标准，不考虑不合实际的保守假设。因而所得结果能接近真实情况。现实模型经常用于核电厂操作规程的制定和严重事故分析。作为一种尝试，目前正在研究使用现实模型分析，在其结果上加上适当裕度，作为代替保守模型或平行于保守模型的一种方法。

在用确定论方法进行事故分析中，所涉及的事故分析程序大致可分成以下六种：

(1) 系统分析程序

可以模拟核电厂的一、二回路系统以及稳压器、蒸汽发生器、泵、阀门、燃料元件等设备。具有能计及各种反应性反馈的点堆或一维中子动力学模型，一般在流体力学上是一维的，有些程序堆芯是三维的，程序的规模大，一般有数万至20余万行。总体上分析核电厂在失水事故及各种瞬变过程中系统的响应，是事故分析中最主要的程序，如RETRAN、RELAP5、TRAC等。

(2) 堆芯分析程序

或可称之为子通道分析程序，它以系统程序计算的结果作为边界条件，考虑堆芯内各处燃料元件产生热量的不同，及流道之间的质量、动量和能量的交换，因而能计算得出具有开式栅格的堆芯的流场和焓场，得出各处燃料元件，特别是热点的燃料芯块及包壳的温度和包壳表面的偏离泡核沸腾比(DNBR)，如COBRA4程序。

(3) 燃料元件分析程序

用于分析在事故工况下面临破坏的燃料元件性状，在程序中提供了包括热辐射在内的各种阶段的传热模型，可以模拟包壳与芯块间隙的变化，元件的肿胀，破裂以及流道的阻塞。这种程序也以系统程序分析结果为输入数据，如FRAP-T6、TOODEE2/MOD3等。

(4) 堆物理分析程序

用于弹棒事故及反应性事故的分析计算。精确的分析需要用三维中子动力学程序与三维热工水力程序耦合进行计算，这种计算耗费计算机机时较多。在进行大量计算时。一般采用经三维程序校核的一维程序，如PDK-Ⅱ程序。

(5) 安全壳热工水力响应分析程序

分析核电厂一、二回路破裂，大量质量和能量喷放至安全壳内时，安全壳内的压力和温度的变化，这种程序应当能处理安全壳底层的液相及含有空气及蒸汽混合的气相，具有能模拟安全壳结构材料的热结构模型，并应具有模拟蒸汽在结构材料表面的凝结，以及喷淋和排放等功能。这种程序以系统程序计算所得的破口喷放流量及焓值为输入数据，如CONTEMPT-LT/028。

(6) 放射性后果分析程序

这类程序描述放射性物质在系统内的转移、沉积、衰变、向环境的释放及在大气中的弥散，并计算人员遭受的放射性剂量。一般由几种程序构成一个程序包，供分析各种事故下的放射性后果之用，这类程序的特点是不确定性很大，粗略模型与精细模型在计算方法上差别也很大，需按不同的要求选用，典型的有CADITAL、SGTR程序。

3.2.2 概率论安全分析

概率论安全分析是指把整个系统的失效概率通过结构的逻辑性推理与它的各个层次的子系统、部件及外界条件等的失效概率联系起来，从而找出各种事故发生的频率。也称概率安全分析。

概率论方法是以对“事件树”和“故障树”的分析为基础的。

1. 事件树分析

建立事件树即进行功能模化，继始发事件之后，把各项与安全相关的功能按失效与否逐级展开，就能得到一系列后果不同的事件序列。作为一个例子，图 3-2-1 给出了压水堆核电厂失水事故的事件树，用以说明事件树的构造和用途。始发事件是一回路系统的主管道破裂，其发生频率为 F_1，此事故进程中可能涉及系统或设备的电源、应急堆芯冷却系统、放射性裂变产物的去除系统和安全壳等。假定每个系统或设备有有效与失效两个状态，对事件树的展开取双树叉状，上、下树叉分别代表有效及失效（失效概率分别为 P_2，P_3，P_4 及 P_5）。按此例可产生 16 种潜在的事故序列。有些功能也可再细分，如对应急堆芯冷却系统，也可再分为初期的注入阶段及后期的再循环阶段两种功能。考虑到各项失效概率值很小，在计算事故频率时可省去$(1-P_2)$、$(1-P_3)$等因子。

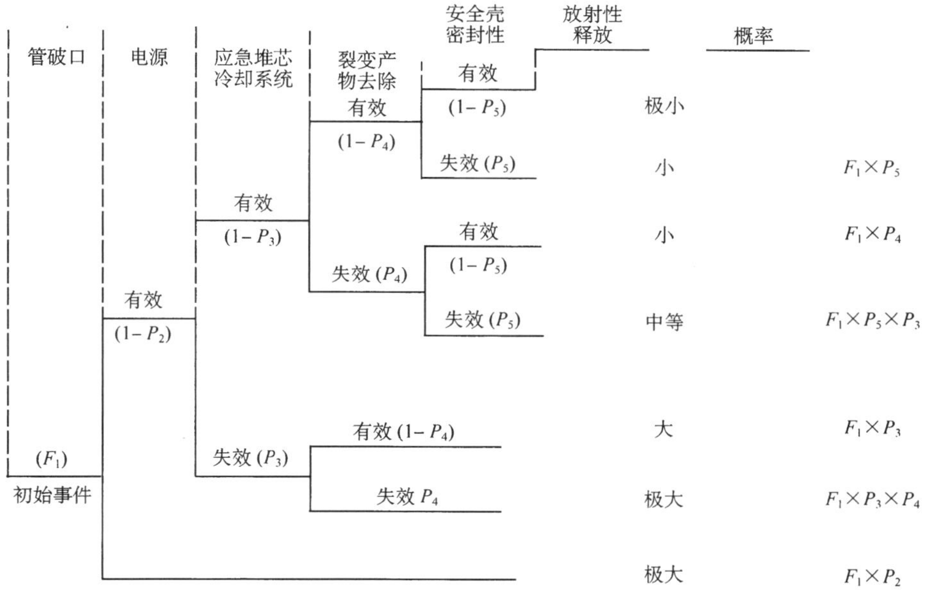

图 3-2-1 压水堆核电厂失水事故的事件树

2. 故障树分析

在此方法中，把系统的失效作为分析的目标，由此反推，寻找直接导致这一失效的全部因素，直至无需再深究其发生的因素为止。把系统失效称之为“顶事件”，无需再深究的事件称之为“底事件”，介于这两者之间的一切事件称为“中间事件”。在分析中，这些事件由相应的符号表示，并用适当的逻辑门把它们连结成倒置的树形图，从而得到描述系统失效的一系列部件失效模式的逻辑图，即故障树。作为一个例子，图 3-2-2 给出了压水堆安全壳内，将冷却喷淋流量不足作为顶事件的故障树的头几级。该堆设置了两个冗余系统 A 及 B，其中每一系统都可以单独提供全部喷淋用水。因此，发生上述顶事件的前提为两个系统必须同时失效，这一情况用逻辑符号“与门”（带圆顶的框）表示，用它将第二级事件与顶事件相连接。在第三级中找到四种事件，每种都足以导致上述第二级事件，因此用“或门”（带尖顶的框）与第二级事件相连接。用圆圈或菱形框表示的事件不需要进一步追溯原因，圆圈内的事件属于可以取得失效概率的事件，而菱形框内的事件则属于一般性故障，由于其不太重要或缺乏资料停止追溯原因。在长方形框内的事件则属于必须向下追溯的事件。此图没有画出第三级以后的故障树。以故障树为工具可以进行定性及定量两方面的分析。在定性分析方面，往往可以找出某一关键性的子系统或部件，或找出控制全局的某一条事件链。在这类情况下，就可以考虑是否有必要添加冗余部件。在定量分析方面，可以通过运算得出系统的失效概率。这种方法的特点是：除了能分析组成系统的各个部件对系统失效概率的影响外，还可以考虑维修、环境和人为因素的影响，从而不仅可以分析单一部件失效的影响，还可以分析两个以上部件共因失效的影响。

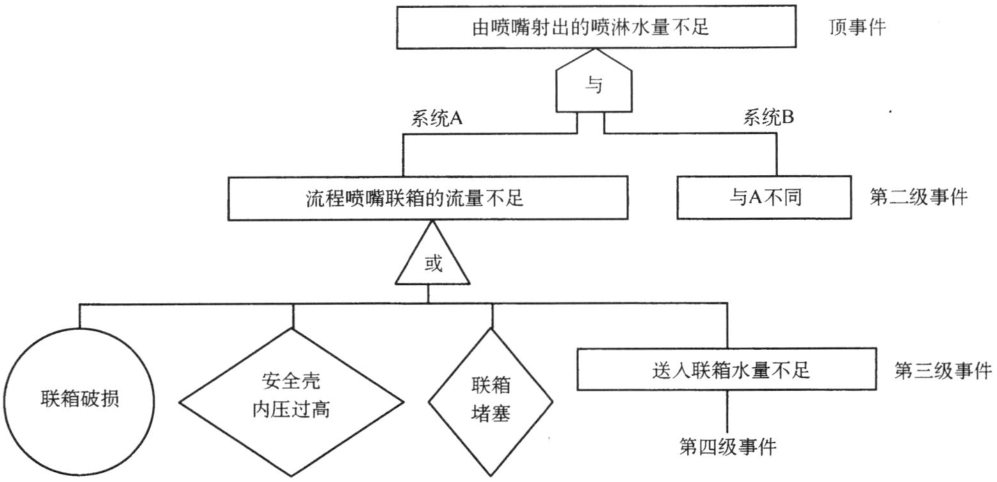

图 3-2-2 压水堆核电厂安全壳喷淋流量不足事件的故障树

核电厂的概率安全分析通常是在三个级别上进行的。1 级概率安全分析确定可导致堆芯损坏的事件序列及这些序列的估算频率，可对设计上的弱点及防止堆芯损坏的方法提供重要见解。2 级概率安全分析确定核电厂可发生放射性释放的途径，并估计其数量和频率，能从放射性释放的严重性方面对造成堆芯损坏的各事故序列的相对重要性提供见解，并对改善事故处置的方法提供见解。3 级概率安全分析估计公众健康风险和其他社会风险，并用诸如公众健康影响或土壤、空气、水或食物的污染所表示的有害后果对事故预防和缓解措施的相对重要性提供见解。

自 1983 年起美国用概率安全分析方法对严重事故源项进行了重新估算，制定了相应的对策，并提出了安全目标。现在概率安全分析技术已比较成熟，成为广泛应用的安全分析工具。

概率安全分析是一种系统的、安全的数量分析方法，可以把安全相关信息（如事件发生频率、事故后果、设备可靠性、分析的不确定性等）数量化，总合进一个连贯的框架，从而可以提供一个核电厂安全的全面图景，揭露其中的薄弱环节，有利于实现总体平衡，优化资源配置，提高安全性和经济性。

为确保核电厂安全，凡申请核电厂建造许可证和运行执照的申请者，在每次申请时都必须递交安全分析报告。在此报告内要求有一章包含对各种可能出现的反应堆事故工况进行广泛的分析，其目的在于表明该设计足以承受这些事故或减轻事故后果，使公众健康与安全不受过度的危害。所分析的范围包括频繁发生的而危害较小的次要瞬态直到极罕见但后果极严重的事故。此外，通过事故分析，使操纵员对核电厂各种事故现象有较深入的了解，这对操纵员进行事故处理和保证电厂安全也是非常重要的。

3.3　核电厂工况分类

核电厂运行工况分类是指按事件预计发生频率分类。其目的是确定各种事件的验收准则，发生频率高的事件要求其后果轻微，后果严重的事件要求其发生频率极低。

核电厂运行工况可分为：

1. 工况Ⅰ事件：正常运行及运行瞬变

此类事件包括：

(1) 核电厂反应堆的正常启动、停堆和稳态运行，包括核电厂在启动、调试、功率运行、换料、维护或检修过程中所预计到的经常性或定期出现的工况。

(2) 带有允许偏差的运行，如发生少量燃料元件包壳泄漏，一回路冷却剂放射性水平略有偏高、蒸汽发生器管子微小泄漏等，但未超过技术规格书所规定的最大允许值。

(3) 运行瞬态，如核电厂的升温升压或冷却卸压，以及在允许范围内的负荷变化等。

这类工况出现频繁，所以要求整个过程中所引起的物理参数变化不会到达触发反应堆保护动作的整定值，无需停堆，仅需依靠控制系统在反应堆设计裕量范围内进行调节，即可把反应堆调节到所要求的状态，重新稳定运行。这类工况一般用来作为其他事故工况分析的初始工况。

2. 工况Ⅱ事件：中等频率事件

该事件也称预期运行瞬变，这是指在核电厂运行寿期内预计会出现一次或数次偏离正常运行的所有运行过程，其发生频率大于 10^{-2}/(堆·年)。由于核电厂设计时采取了适当的措施，它只可能迫使反应堆停堆，而不导致任何裂变产物屏障破坏，即不超过燃料安全限值。

这类工况要求作事故分析，以证明在最坏的情况下，不会造成燃料元件损坏，也不会导致不可接受的堆功率或一回路、二回路超温超压的出现。此外，还要求这类工况在导致最坏的停堆情况下仍能返回功率运行中，并不得引起最严重的事故工况(工况Ⅲ或工况Ⅳ)。

3. 工况Ⅲ事件：稀有事故

在核电厂寿期内，这类事故一般极少发生。其发生频率约为 10^{-4}～10^{-2}/(堆·年)，即对于单个核电厂来说，不大可能发生，但从整体核电厂运行经验积累来说，则有可能出现。处理这类事故时，为了防止或限制对环境的辐射伤害，需要专设安全设施投入工作。这类事故包括：

(1) 小破口失水事故；

(2) 蒸汽管道小破裂；

(3) 控制棒误动作。

这类事故可能超过燃料安全限值或超过系统的压力、温度或功率限值，但要求引起反应堆中受损伤的燃料元件数不超过规定的限值，不影响堆芯的几何形状和可冷却性，不得进一步损伤反应堆冷却剂系统和反应堆安全屏障。放射性释放不得超过厂外剂量限值，不得引起更严重的事故工况(工况Ⅳ)。

4. 工况Ⅳ事件:极限事故

这类事故的发生频率为 $10^{-6}\sim10^{-4}$/(堆·年),预期不会发生,因而也称为假想事故。然而这类事故一旦发生,则可能释放大量放射性物质,后果非常严重,因而在核电厂设计中也必须考虑如何预防和限制后果。这类事故包括:

(1) 大破口失水事故;

(2) 主蒸汽管道破裂事故;

(3) 反应堆一台主泵卡轴或泵轴断裂;

(4) 给水管道断裂事故。

这些事故用来对核电厂的安全设施提出要求。它们可能导致燃料元件重大损伤,但要求堆芯几何形状不受影响,堆芯冷却可以保持,并不得引起限制其后果的系统丧失功能,反应堆冷却剂系统和反应堆安全壳厂房不受附加损伤。放射性释放在许可限度内。

值得注意的是,从核电厂的运行历史来看,一些原来认为预期不会发生的假想事故,如蒸汽发生器的传热管破裂、主给水管道破裂,也已经发生过了,而且发生了多次。

上述四种工况所对应的安全准则列于表 3-3-1。

表 3-3-1 四类工况所对应的安全准则

	发生概率 次/(堆·年)	放射剂量	安全准则
工况Ⅰ:正常运行及运行瞬变	—	—	燃料不应受到损伤,不要求启动任何保护系统或专设安全设施
工况Ⅱ:预计运行事件(中等频率事故)	$10^{-2}\sim1$	—	燃料不应受到损伤,任何屏障不应受到损坏(屏障本身出现故障外),采取纠正措施后机组应能重新启动,不应发展成为后果更严重的事故
工况Ⅲ:稀有事故	$10^{-4}\sim10^{-2}$	全身:≤5 mSv 甲状腺:≤15 mSv	一些燃料元件可能损坏,但数量应是有限的,一回路和安全壳的完整性不应受到影响,不应该发展成为后果更严重的事故
工况Ⅳ:极限事故	$10^{-6}\sim10^{-4}$	全身:≤0.15 Sv 甲状腺:≤0.45 Sv	燃料元件可能有损坏,但数量应有限,一回路、安全壳的功能在专设安全设施的作用下应能保证

5. 严重事故

严重事故是指燃料元件严重损坏,堆芯熔化,并有可能破坏安全壳完整性,有大量放射性物质释放的事故。

安全分析中,工况Ⅱ、Ⅲ、Ⅳ通常总称为设计基准事故。由Ⅱ类工况及Ⅲ类工况的分析规定了反应堆保护系统的要求,由Ⅲ类工况和Ⅳ工况的分析保证了专设安全设施的正确设计。

为满足Ⅲ、Ⅳ工况,基于满足单一故障准则的纵深防御和多道屏障设计对于防止和缓解严重事故是十分有效的,但由于主要考虑设计基准事故,有可能在应付严重事故方面存在某些薄弱环节。因此要求核电厂除做出安全分析报告外,还应做出防止和缓解严重事故的对策报告[4]。

核动力厂事件的另一种分类方法，是按核事件影响核安全和辐射安全的严重程度来区分。这是为了迅速向公众通报核动力厂安全重要事件，使核工业界、新闻界和公众取得共同的理解。

这种分类方法将核动力厂事件分为 7 级：

1 级——异常，核动力厂运行偏离规定的功能范围。

2 级——事件，核动力厂运行中发生具有潜在安全后果的事件。

3 级——重大事件，核动力厂的纵深防御措施受到损坏，对工作人员具有严重的健康影响。

4 级——无明显厂外风险的事故，核动力厂反应堆堆芯部分损坏，对工作人员具有严重的健康影响。向厂外环境释放少量的放射性物质，公众受到规定限值量级的照射。

5 级——具有厂外风险的事故，核动力厂反应堆堆芯严重损坏。向厂外环境有限度地释放放射性物质，需要部分地实施当地应急计划。

6 级——重大事故，核动力厂向厂外明显地释放放射性物质，需要全面地实施当地应急计划。

7 级——特大事故，核动力厂向厂外释放大量放射性物质，产生广泛的健康和环境影响。

此种核动力厂事件分级的方法是从各个核事件的厂外影响、厂内影响和纵深防御削弱三个方面来考虑的。将安全上无重要意义的事件定为 0 级，也就是不列入分级范围之内。另外，较低级（1～3 级）的称为事件，而较高级（4～7 级）的则称为事故。

这种核动力厂事件分级的方法是由国际原子能机构和联合国经济合作与发展组织核能机构共同组织国际专家组设计的，并于 1990 年 4 月起试用一年后经过修订。我国也采用了这种国际核事件分级表。

3.4　验收准则

验收准则包括通用的验收准则和具体的验收准则。

1. 通用的验收准则

工况Ⅰ：引起的物理参数的变化不会触发保护动作（不超出保护参数的整定值）。

工况Ⅱ：当达到规定的限值时，保护系统能够关闭反应堆。但是经过必要的校正动作后，反应堆能够重新投入运行。工况Ⅱ类事件不得诱发后果更严重的事件（工况Ⅲ及工况Ⅳ类事故）。

工况Ⅲ：引起反应堆中受损伤的燃料元件的数量不得大于某一小定值，不影响堆芯的几何形状，并认为堆芯冷却是正常的。工况Ⅲ事故不会引起工况Ⅳ事故，不得进一步损伤反应堆冷却剂系统和反应堆安全壳屏障。放射性的释放不得禁止或限制居民使用厂外附近地区。

工况Ⅳ：可以导致燃料元件重大损伤，但堆芯几何形状不受影响，堆芯冷却可以保持。工况Ⅳ事故不得引起限制其后果的系统丧失功能，反应堆冷却剂系统和反应堆安全壳厂房不会受到附加的损伤，放射性释放在允许的限值内。

2. 具体的验收准则

对于工况Ⅱ：

(1) 燃料元件不烧毁，不发生 DNB，或最小 DNBR 在 95/95 限值以上（保证在 95%的可信度水平上，不发生 DNB 的概率是 95%）；

(2) 一回路压力小于 110%设计值；

(3) 放射性后果按正常排放允许值控制。

对于工况Ⅲ及工况Ⅳ：

(1) 燃料元件保持可冷却状态：长时间高温包壳峰值温度<1 204 ℃(2 200 ℉)；短时间高温包壳峰值温度<1 482 ℃(2 700 ℉)；

(2) 一回路压力小于 120%设计值；

(3) 放射性后果：厂内 2 h 内，低人口区 8 h 内甲状腺剂量低于 3 000 mSv，全身剂量低于 250 mSv。

3.5 事故分析的基本假设

事故分析时所采用基本假设包括：初始条件及各项参数和四项基本假设。

1. 初始条件及各项参数

事故分析采用的初始条件及各项参数均取保守值，即取对后果产生不利的影响。但究竟取正不确定性还是取负不确定性，常常需要经过仔细考虑，甚至必须经过敏感性分析才能确定。为决定如何取保守值，有三个方面必须考虑：

(1) 所分析的事故的过程特征；

(2) 事故分析针对哪项验收准则；

(3) 分析中采用哪一种停堆信号。

下面列举一些需考虑取保守值的项目及通用的不确定性值：

(1) 运行参数需考虑不确定性（控制系统死区、仪表误差及波动）

例如初始功率+2%，初始温度±2.2 ℃，稳压器压力±0.21 MPa(30 psi)，稳压器水位±2%，蒸汽发生器(SG)二次侧水位±5%，主冷却剂流量取设计值（已是保守值），SG 二次侧压力由热平衡决定。

(2) 堆物理参数

慢化剂温度反应性取后果最大的寿期的数值，甚至取 0（对于确定寿期的分析，取±10%不确定性），燃料 Doppler 反应性系数取±15%不确定性，控制棒价值计算取±15%不确定性。

(3) 停堆信号取安全级信号

法国分析中不取第一个到达的停堆信号，停堆设定值需带保守性，停堆延迟时间应按实验结果加保守性，控制棒负反应性引入曲线应取趋底型（下凸型）曲线。

(4) 金属结构热容量及传热面积一般取±10%不确定性

(5) 稳压器及 SG 安全阀开启压力取保守值

2. 四项基本假设

(1) 假设失去厂外电

通用设计准则(GDC)第 17 条规定在事故分析时必须考虑此项假设，应选择有、无或某一时刻失去厂外电三种情况中产生最不利的后果，此项假设适用于分析Ⅱ、Ⅲ、Ⅳ类工况。

此项假设非常保守，目前核电厂的分析进行了部分挖潜，如 AP1000 核电厂分析假设在汽轮机停机后 3 s 丧失厂外电，如此假设对失流事故分析结果影响较大，3 s 对于该事故已度过了最危险时刻。

(2) 假设最大价值的一组控制棒卡在全抽出位置（卡棒假设）

GDC17 规定在事故分析时必须考虑此项假设，适用于分析Ⅱ、Ⅲ、Ⅳ类工况。

(3) 仅考虑安全级设备缓解作用，对于非安全级设备仅考虑其对事故的不利的影响

对于此项假设法国用于Ⅱ、Ⅲ、Ⅳ类工况的分析。而美国仅要求Ⅲ、Ⅳ工况，认为Ⅱ类为常见故障，不影响设备功能，如在Ⅱ类中采用该假设也接受。

(4) 需假设极限的单一故障

对于此项假设法国用于Ⅱ、Ⅲ、Ⅳ类工况的分析，而美国同前一项假设一样仅要求Ⅲ、Ⅳ工况采用该假设，如在Ⅱ类中采用也可以接受。

3.6 单一故障准则

3.6.1 概述

为了在安全上得到高度的可靠性，首先要保证安全级设备高的质量要求，为此对要完成安全功能的设备，一律定为安全级设备。另外一个重要的方面是对安全级设备采用多重性设计，即具有“冗余”度。

设置冗余度的一种最低要求是采用($N+1$)准则。即为完成某一安全功能设计时设置($N+1$)个部件，而其中任何 N 个部件就能达到要求，使系统具有容忍一个随机故障的能力，这就是满足单一故障准则。

满足单一故障准则的设备组合，在其任何部位发生单一随机故障时，仍能保持所赋予的功能。源自单一故障的各种继发故障，均视作单一故障不可分割的组成部分。

为了满足单一故障准则，在核电厂的设计上就有许多必然的要求，如：

(1) 设计必要的泵，需要多 1 台。

(2) 需要保证打开的阀门必须并联 2 台，需要保证关闭的阀门必须串联 2 台。既要保证开又要保证关的阀门，必须串并联共 4 台。

(3) 保证长期阶段可用的管道必须并联 2 条。

(4) 必要的信号，要求多重性。

3.6.2 单一故障准则的使用范围

(1) 核动力厂必须满足单一故障准则：核动力厂必须有适当的安全裕度，当发生假设的单一故障（假设的单一故障是指按规章明确定义的单一故障）时，仍能完成其安全功能。

(2) 安全组合必须满足单一故障准则：安全组合必须在发生单一故障时，仍能完成其安全功能。（安全组合是指在特定的假设始发事件发生后，为使该事故后果不超过规定的限值而要求其完成应有的动作的那种设备组合。如：大破口失水事故必须要有低压安注系统发挥功能，低压安注系统就是一个安全组合，必须满足单一故障准则。）

(3) 有关规章中注明一些安全系统需满足单一故障准则：为了特别强调某些安全系统

的重要性。

例如在核安全法规 HAF 0102 规定:“停堆手段必须包括两种不同的系统,每种系统在假定一个单一故障发生时必须能执行其功能。两种系统中至少必须有一种系统能单独使反应堆从运行工况快速地进入次临界,并得到足够的停堆深度”。

为检验核电厂是否符合单一故障准则的要求,必须对各有关安全设备组进行下述分析:假设单一故障及其全部继发故障依次出现在设备组合的各个单元上,并逐一进行分析,直至完成此组合内的全部故障分析为止;对各有关组合依次一一进行分析,直至完成所有组合和全部故障的分析为止。有关特定安全系统需要符合单一故障准则的叙述见后。单一故障准则在上述系统中的假设是此前已作了描述的过程中的一部分。单一故障分析中,不考虑同时发生一个以上的随机故障。

上述分析的结果表明,每个安全组合在计及假设始发事件的影响后均能完成各自的功能,则认为设计达到了单一故障准则的要求。

单一故障分析中,对于设计、制造、在役检查和保养的质量达到极高水平的非能动部件的故障,可不予考虑。但在排除能动部件发生故障的可能时,必须计及始发事件后需要部件发挥作用的全时程,并对基于此种假设的分析方法的正确性作出论证。

对于下列各种情况,无需遵守单一故障准则:

(1) 极为罕见的假设始发事件;

(2) 假设始发事件极不可能的后果;

(3) 某些设备因进行维护、修理或定期试验,在有限的时间内停止使用。

对某些安全系统可能需要提出多重性或多样性的附加要求。例如在相同部件用于几种安全功能或同时用于安全和非安全目的之处、有共因故障的可能之处以及定期试验的有效性受到限制之处,均可以提出附加要求。

3.6.3 单一故障准则的使用方法

(1) 由单一事件引起的多重故障,仍归为单一故障。

(2) 整个核动力厂系统(包括流体系统及电气系统)只考虑一个故障。

(3) 整个事故期间只考虑一个故障。规定:可在短期阶段考虑一个能动故障,或在长期阶段考虑一个能动故障或一个非能动故障。

(4) 单一故障准则是针对安全级部件而言的,对非安全级部件不考虑其对事故的缓解作用,而需考虑对事故的恶化作用。

(5) 只有当调用部件时,才有是否失效问题。不能假设已打开的阀门自行关闭,也不能假设已关闭的阀门自行打开。对非安全级设备也是如此。

(6) 在技术规格书中确定的定期维护、检修及试验的设备,不认为不可用。我国用的是($N+1$)多重性,而前联邦德国采用($N+2$)多重性,N 台设备满足设计要求,其余一台冗余抗御单一故障,另一台设备作为交替检修时备用。

(7) 事故期间,如全部安全设备正常工作而造成最严重的后果时,就以此为极限工况,不假设单一故障。

事实上,以全部安全设备有效为极限工况的情况比较多,因为安全设施是为多种不同的事故而设计的,对于有些事故就会有措施过度的情况。如对于蒸汽发生器传热管破裂事故,如果全部专设安全设施有效，即全部上充安注、高压安注及辅助给水系统有效，则会加快蒸汽发生器满溢，可能引起更严重的事故。

(8) 必须把事故和故障区别开。在事故分析时，分析的工况是初因事故加上单一故障，而不分析事故迭加事故。

(9) 在事故分析中，应考虑两个附加的条件，加上这两个条件并不作为已考虑了单一故障。这两个条件是：

1) 失去厂外电源

如失去厂外电源，会引起主循环泵失电；主给水停止；冷凝器失去循环冷却水，真空破坏而失效，此外，一些专设安全设施必须采取应急柴油发电机电源，因而增加了启动延迟时间。

事故分析时，可考虑失去厂外电源，也可考虑不失去厂外电源，还可能考虑在事故进展到某一时刻而失去厂外电源。

规定这一假设，是按继发故障来考虑的，一个功率巨大的核电厂发生了事故，停止了发电，有可能造成电网混乱，不能正常工作。

2) 一组负反应性价值最大的控制棒处于全抽出的位置

这一假设使停堆负反应性减少，降低了停堆深度，对有些事故的后果是不利的。这一假设是作为取保守的观点来考虑的。

(10) 假设单一故障后，发生继发故障不算作超过单一故障。事故分析时应把初因事件、初始条件、附加条件、假设的单一故障以及由此产生的继发故障综合在一起作为分析的条件。

(11) 必须找到最保守的单一故障及极限工况。需假设的单一故障，依次发生在核动力厂的每一个安全设备上，逐一作出分析，将结果进行比较，以得到最保守的单一故障及极限工况。

(12) 一种事故如具有几项验收准则就会有不同的最保守的初始条件、单一故障及极限工况。如对于一回路失水事故，考虑燃料元件包壳温度与安全壳的压力峰值，考虑的单一故障是不同的，前者需考虑全部安全壳喷淋有效，后者必然考虑安全壳喷淋只有一半容量投入运行。

3.6.4　单一故障准则应用举例

例 1　典型的三环路或四环路压水堆核电厂的设计中，二回路每条主蒸汽管线均设有一个大气释放阀及一系列安全阀。大气释放阀和安全阀均设计为核安全 2 级，抗震 1 类。安全阀为弹簧加载，其整定值具有可调性，操纵员可根据需要在主控室手动调整其开启整定值。

对于两环路压水堆核电厂，二回路管线上的大气释放阀还应有特殊要求。

问题：(1) 二回路管线上的大气释放阀的安全作用是什么？

(2) 二回路管线上的大气释放阀在什么样的事故过程中和什么样的条件下安全上尤显重要？

(3) 对于两环路压水堆核电厂，二回路管线上的大气释放阀应有何特殊要求？

参考答案

(1) 在正常和瞬变运行期间，蒸汽管线上的大气释放阀起到卸压及避免蒸汽发生器安全阀频繁开启的作用。在失去正常热阱(主冷凝器)的情况下,则可以通过大气释放阀将蒸汽直接排向大气,执行余热排出的功能。这时,可通过调整其整定值,实现冷却系统降温降压,直到余热排出系统投入,最终将电厂带入安全停堆状态——冷停堆状态。即使在余热导出系统投入后,在自然循环条件下(厂外电源丧失),大气释放阀也可保证主回路系统循环,保证一回路系统的降温降压。

(2) 在蒸汽发生器传热管破裂事故(SGTR)过程中,为了防止蒸汽发生器满溢,要求尽快使一回路降温降压。在主给水管道破裂事故(MFLB)过程中,由于蒸汽发生器二次侧冷却剂以液态形式流失很多,该事故成为应急给水箱容积设计的极限性事故,要求在辅助给水有限的投运时间内能完成一回路的降温降压。在此两个事故过程中,蒸汽管线上的大气释放阀尤为重要。

(3) 对于两环路压水堆核电厂,一旦发生 SGTR 或 MFLB,破损环路的二回路冷却功能不可用,只能依靠完好环路的蒸汽发生器导出余热。如果每条蒸汽管线上只设置了一个大气释放阀,不能满足单一故障准则的要求。因此,对两环路压水堆核电厂要求在每一条蒸汽管线均设置两个大气释放阀。

例 2 主给水管道破裂事故分析中,应急给水系统应满足单一故障准则。两环路的秦山第一核电厂的辅助给水(应急给水)系统,设计包括有两台电动给水泵分别给两台蒸汽发生器提供应急给水,一台柴油机驱动水泵向两台蒸汽发生器提供应急给水,如图 3-6-1 所示。对于应急给水最具挑战性的设计基准事故为“主给水管道断裂”。在此事故发生时,如能向完好蒸汽发生器提供 36 t/h 流量的应急给水,则能达到安全要求。如果设计给出上述电动泵的流量为每台 48 t/h,在事故过程中不能关闭应急给水阀,柴油机驱动泵的给水阀为限流阀,最大流量为每台 44 t/h。

问题:(1) 两台电动泵的动力取自什么电源?

(2) 安全分析时,破口及单一故障应如何保守地假设?

(3) 柴油发电机驱动泵至少应有多大流量?

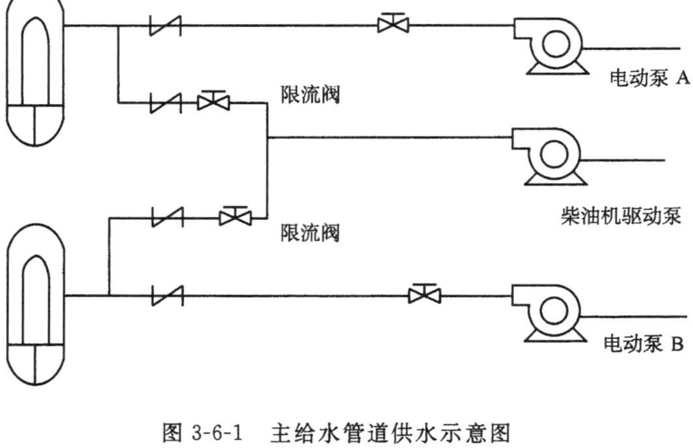

图 3-6-1 主给水管道供水示意图

参考答案

(1) 分析设计基准事故，应假设厂外交流电源丧失，电动应急给水泵 A、B 应分别接在应急柴油机发电机系列 A、B 上。

(2) 破口应假设在靠近蒸汽发生器的给水管上，如假设在系列 A 的管道上，单一故障则应假设 B 系列的应急发电机或电动应急给水泵 B 失效，这样假设，两台电动给水泵都不能提供应急给水，只能由柴油机驱动泵提供应急给水。

(3) 柴油机至多通过限流阀经破口流失 44 t/h 给水，为保证向完好蒸汽发生器提供 36 t/h给水，柴油机驱动泵的流量至少应有 80 t/h。

复习思考题

1. 核反应堆的三项基本安全功能是什么？
2. 核电厂工况是如何分类的？
3. 核电厂事故分析有哪四项基本假设？

第四章　压水堆核电厂的设计基准事故

4.1　设计基准事件清单

按照目前的习惯，工况Ⅱ、Ⅲ、Ⅳ通常总称为设计基准事故。为了确保核动力厂的安全，在安全分析报告中规定要对主要的设计基准事故进行详细的分析计算，给出定量的结果并评定其是否满足目前的规范和标准。1975 年，美国核管会（USNRC）颁布了《轻水堆核电厂安全分析报告标准格式和内容》（第二次修订版），其中规定了需分析的典型始发事故，共 8 大类 47 种，包括压水堆（41 种始发事故）和沸水堆（6 种始发事故）两种轻水堆型，见表 4-1-1。从物理现象上来看，它们又可以分为 8 组。

表 4-1-1　八组设计基准事故

(1) 二回路系统排热增加

1) 给水系统故障使给水温度降低（工况Ⅱ）

2) 给水系统故障使给水流量增加（工况Ⅱ）

3) 蒸汽压力调节器故障或损坏使蒸汽流量增加（工况Ⅱ）

4) 误开蒸汽发生器泄放阀或安全阀（工况Ⅱ）

5) 压水堆安全壳内、外各种蒸汽管道破损（工况Ⅳ）

(2) 二回路系统排热减少

1) 蒸汽压力调节器故障或损坏使蒸汽流量减少（工况Ⅱ）

2) 失去外部电负荷（工况Ⅱ）

3) 汽轮机跳闸（截止阀关闭）（工况Ⅱ）

4) 误关主蒸汽管线隔离阀（工况Ⅱ）

5) 凝汽器真空破坏（工况Ⅱ）

6) 同时失去厂内、外交流电源（工况Ⅱ）

7) 失去正常给水流量（工况Ⅱ）

8) 给水管道破裂（工况Ⅳ）

(3) 反应堆冷却剂系统流量减少

1) 一个或多个反应堆主泵停止运行（工况Ⅱ）

2) 反应堆主泵轴卡死（工况Ⅳ）

3) 反应堆主泵轴断裂（工况Ⅳ）

(4) 反应性和功率分布异常

1) 在次临界或低功率启动时，失控抽出控制棒组件（假定堆芯和反应堆冷却剂系统处于最不利反应性状态），包括换料时误提出控制棒或暂时取出控制棒驱动机构（工况Ⅱ）

续表

2）在特定功率水平下失控抽出控制棒组件（假定堆芯和反应堆冷却剂系统处于最不利反应性状态）产生了最严重后果（低功率到满功率）（工况Ⅱ）
3）控制棒误操作（系统故障或人员误操作），包括部分长度控制棒误操作（工况Ⅱ）
4）启动一条未投入的反应堆冷却剂环路或在不适当的温度下启动一条再循环环路（工况Ⅱ）
5）化学和容积控制系统故障使反应堆冷却剂中硼浓度降低（工况Ⅱ）
6）在不适当位置误装或操作一组燃料组件（工况Ⅲ）
7）压水堆各种控制棒弹出事故（工况Ⅳ）
（5）反应堆冷却剂装量增加
1）功率运行时误操作应急堆芯冷却系统（工况Ⅱ）
2）化学和容积控制系统故障（或运行人员误操作）使反应堆冷却剂装量增加（工况Ⅱ）
（6）反应堆冷却剂系统流量减少
1）误开压水堆稳压器安全阀或泄放阀（工况Ⅱ）
2）贯穿安全壳一回路压力边界仪表或其他线路系统破裂（工况Ⅲ）
3）蒸汽发生器传热管破裂（工况Ⅳ）
4）反应堆冷却剂压力边界内假想的各种管道破裂产生的失冷事故（工况Ⅳ）
（7）系统或设备的放射性释放
1）放射性气体废物系统泄漏或破损（工况Ⅲ）
2）放射性液体废物系统泄漏或破损（工况Ⅲ）
3）假想的液体贮箱破损而产生的放射性释放（工况Ⅲ）
4）设计基准燃料操作事故（工况Ⅳ）
5）乏燃料贮罐掉落事故（工况Ⅲ）
（8）未能紧急停堆的预期瞬态
1）误提出控制棒（工况Ⅳ）
2）失去给水（工况Ⅳ）
3）失去交流电源（工况Ⅳ）
4）失去电负荷（工况Ⅳ）
5）凝汽器真空破坏（工况Ⅳ）
6）汽轮机跳闸（工况Ⅳ）
7）主蒸汽管道隔离阀关闭（工况Ⅳ）

其他国家确定的设计基准事故与之相比，有一些事故的增减，也有一些工况划分上的不同，但相差不大。

在过去，特别是在三哩岛核电厂事故之前，在事故分析上，几乎把研究工作都集中到“大破口失水事故”上，把这一事故等同为设计基准事故或最大可信事故，认为这一事故代表了对核电厂最严重的考验，如能经受这一事故，也就能经受其他一切事故。这种作法是很片面的。

设计基准事故的内容还在继续发展，概率安全分析方法的应用，为设计基准事故的选择与分类提供了科学的手段，严重事故研究指出了设计基准事故作为评价标准的不足。目前，有些国家已尝试把一些发生概率较高的多重故障导致的事故也列入必须分析的事故清单之中。

4.2 失流事故

4.2.1 失流事故定义

在核反应堆中，冷却剂环路数目有多种，一般情况下有 2 个环路、3 个环路甚至 4 个环路。通常每个环路上设置 1 台主循环泵，也有设置 2 台主循环泵的。核反应堆就是借助环路上的主循环泵唧送冷却剂实现强迫循环来冷却堆芯。

失流事故(全称“失去流量事故”)指当反应堆功率运行时，主循环泵因为动力电源故障或机械故障而被迫停止运行，使冷却剂流量减少，而降低了堆芯的传热能力。

失流事故按照发生的频率分类包括部分失流、完全失流、主泵卡轴和主泵断轴四种，其中前两种是丧失电源造成的，后两种是机械故障造成的极限事故，本节仅讨论前两种。在这几种失流事故中，最常见的、最需要防止的就是主泵失去电源而引起的部分失流和完全失流。

(1) 部分失流事故(简称部分失流)

反应堆功率运行时，n 个主泵投入工作的状态下，少于等于($n-1$)个主泵因失去电源而惰走，使得堆芯流量减少的事故，称为部分失流事故，属Ⅱ类工况。

(2) 完全失流

全部投入运行的主循环泵同时失去电源，继而惰走，属Ⅱ类工况。另一种情况是主泵由外电源供电，因电网故障而频率下降，使主泵受到很大的反力矩，以与外电源相同的相对减频率速率减速，属Ⅲ类工况。

(3) 主泵泵轴卡死

假设一个主循环泵，因机械故障瞬时卡死(转速变为零)，属Ⅳ类工况。

(4) 主泵泵轴断裂

假设一个主循环泵的轴突然断裂，使该泵失去动力，且转子贮存的动能不能利用，属Ⅳ类工况。

4.2.2 失流事故过程特征

失流事故导致冷却剂流量下降，将使冷却剂的温度与压力升高，燃料元件包壳温度也随之升高，可能出现偏离泡核沸腾，从而导致燃料元件损坏。另一方面，系统参数的变化将触发停堆保护系统动作，经过一定的响应延迟时间及控制棒下落所需时间之后，堆功率开始下降，再经历了由燃料元件内部贮能再分配而造成的元件表面热流量下降的延迟，冷却剂温度与压力、燃料包壳温度越过峰值而下降，事故得到缓解。在全部主泵停止运行的情况下，系统内维持一定的自然循环流量带走衰变热。但是，在主泵卡轴事故中，冷却剂管道内形成很大的阻力，环路及堆芯流量下降更为迅速，因而其后果更为严重。在主泵断轴事故发生几秒以后，受损环路内会形成较大的反向流量，从而减少堆芯流量，其后果也很严重。

4.2.3　失流事故的验收准则

(1) Ⅱ类工况验收准则

1) 包壳表面最小 DNBR>95/95 限值；

2) 一回路压力<110%设计值；

3) 放射性后果正常运行考虑。

(2) Ⅳ类工况验收准则

1) 保持堆芯的完整性：包壳温度<1 428 ℃，芯块截面平均焓<280 cal/g(1 cal/g≈4.19×10^3 J/kg)；

2) 一回路压力<120%设计值；

3) 放射性后果：厂内 2 h 内，低人口区 8 h 内甲状腺剂量低于 3 000 mSv，全身剂量低于 250 mSv。

冷却剂流量下降，将使冷却剂温度上升，元件表面的临界热流密度下降，表征偏离泡核沸腾裕度的 DNBR 也就下降，如果功率下降过慢，燃料元件得不到足够冷却，就会有过热损坏的危险。在失流事故的三项验收准则中，以包壳表面最小 DNBR 或表面温度不超过限值最为重要。冷却剂因温度而膨胀，将使一回路升压。但一般来说，这一升压过程不严重，失流事故不会构成一回路抗超压能力的设计基准。在多数情况下，只需在作 DNBR 分析时，附带注意一下一回路压力变化就可以了。失流事故不破坏反应堆冷却剂系统(RCS)压力边界，一般不需要计算放射性后果，只有当失流事故引起大量元件损坏，引起 RCS 比放有很大增加时，才需计算一回路向蒸汽发生器壳侧的泄漏，继而计算通过释放阀及安全阀排放至环境的放射性剂量。

4.2.4　失流事故的分析方法

分析失流事故通常分三步进行，首先是利用系统分析程序 RELAP5 等计算堆芯流量变化；然后用堆芯程序 COBRA4 来计算 DNBR；最后计算燃料元件包壳及芯块温度则采用燃料元件分析程序 FRAP-T6。分析中，按照对燃料包壳烧毁最为不利的情况来取初始条件，即取最大稳态功率，最低稳态系统压力、最大稳态冷却剂平均温度和最小冷却剂流量。

主要保守假设有：

(1) 初始堆功率取 102%额定功率；

(2) 初始冷却剂温度取+2.2 ℃不确定性；

(3) 初始一回路压力取−210 kPa 不确定性；

(4) 最大价值的一束控制棒卡在全抽出位置；

(5) 取保守的控制棒反应性引入曲线，即控制棒下落时取考虑了地震发生的保守的落棒速度，并认为控制棒在棒行程末端才显著起作用；

(6) 取保守的趋顶功率分布；

(7) 燃料温度系数取大的绝对值，慢化剂负温度系数取小的绝对值。

在堆芯和燃料元件分析中，还要保守地选取过功率分布峰值因子、工程热管因子和流量分配因子等等。

4.2.5 失流事故的缓解措施

缓解失流事故的安全措施，仅能依靠停堆保护系统。当发生失流事故时，系统参数发生变化，触发停堆。以下是由发生失流事故时触发停堆的保护信号：

当功率＞10％时

(1) 低流量信号(3 取 2 逻辑)

(2) 打开 2 个泵断路器(1 取 1 逻辑)

(3) 低-低泵速于 2 个环路(1 取 1 逻辑)

当功率＞30％时

(1) 低流量信号(3 取 2 逻辑)

(2) 打开一个泵断路器(1 取 1 逻辑)

(3) 低-低泵速于 2 个环路(1 取 1 逻辑)

由于保护系统的设计，总是当反应堆处于高功率时，保持有处于低功率时具有的全部停堆信号，所以当功率＞30％时，也具有低-低泵速于 2 个环路的停堆信号。

按上述停堆信号，并考虑单一故障的发生，对于 2 个主泵失电的部分失流工况，应取低-低流量于 1 个环路(或 2 个环路)的信号，对于全部失流，可取低-低泵速于 2 个环路的信号，对于卡轴及断轴，均取低-低流量信号。由此可知，全部失流因控制棒下落较早，其后果不一定比部分失流的后果更严重。

4.2.6 失流事故对核电厂的设计要求

失流事故过程中，达到各参数极限点的时间非常短，仅 3～5 s。在这么短的时间内，操纵员的任何干预都是不可能的，这就要求核电厂设计中，自动保护动作能足以抗御失流事故。

为了抗御失流事故，在核电厂设计中需要做很多考虑，许多参数的确定需要依据失流事故的分析。影响失流事故的主要因素有：

(1) 功率水平及功率不均匀因子；

(2) 停堆保护系统信号及延迟时间；

(3) 控制棒的下落速度；

(4) 泵转子的质量；

(5) 蒸汽发生器与堆芯的高差。

在上述各点中，限制功率水平尤为重要。对于一个核反应堆来说，功率的提高不是受中子动力学上的限制，而是受传热学上的限制，而且这限制不是因稳态运行时没有热工上的裕量，而是受到了设计基准事件中验收准则的限制。从目前见到的核电厂的事故分析结果来看，限制堆功率的事件是非常集中的，大致 85％的压水堆核电厂受限于大破口失水事故过程中燃料元件包壳温度，其中 15％受限于全部失流事件的 DNBR 限制，有相当一部分核电厂是受此两者共同限制的。大破口失水事故分析具有很大的保守性，计算得到的峰值温度与现实模型的分析结果相差极大。美国核管会正讨论修改规章，改变大破口失水事故分析模型。这就会使得受大破口失水事故包壳温度限制功率的核电厂大为减少。大多数核电厂均将由失流事故的 DNBR 来限制功率。如何改进核电厂设计，使之容易满足失流事故的验收准则，是设计中需要重点考虑的问题，如何准确地分析失流事故，是审核核电厂是否安全的重要方面[4]。

4.3　反应堆冷却剂丧失事故

反应堆冷却剂丧失事故(简称失水事故或 LOCA)是指一回路压力边界产生破口或破裂，或是发生阀门误开启，造成一回路冷却剂装量减少的事故。

在设计基准事故中，失水事故可分为：大破口失水事故(LBLOCA)，小破口失水事故(SBLOCA)，蒸汽发生器传热管破裂(SGTR)及气腔小破口(VSB)。

失水事故造成的危害有：

(1) 事故开始时，在破口处的冷却剂突然失压，会在一回路系统内形成一个很强的冲击波，这种冲击波以声速在系统内传播，可能会使堆芯结构遭到破坏。此外，冷却剂的猛烈喷放，其反作用会造成管道甩动，破坏安全壳内设施。

(2) 堆芯冷却能力大为下降，使燃料元件受到损坏。

(3) 高温高压的冷却剂喷入安全壳，使安全壳内气体的压力、温度升高，危及安全壳的完整性。

(4) 燃料元件的锆包壳在高温时会与水蒸气发生剧烈的化学反应：

$$Zr+2H_2O \longrightarrow ZrO_2+2H_2+6.51\ MJ/kg(Zr)$$

所产生的 H_2 积存在安全壳内，在一定的条件下有可能爆炸。

(5) 反应堆冷却剂中的放射性物质进入安全壳后，通过安全壳泄漏，会污染环境。

LOCA 的验收准则：

LOCA 的验收准则也就是 ECCS 验收准则，这是因为 ECCS 设计的性能是通过核电厂发生假想的 LOCA 后能否达到安全评价的。

(1) 燃料元件包壳的温度不得超过 1 204 ℃；

(2) 包壳与水蒸气作用所氧化的包壳壁厚不得超过原壁厚的 17%；

(3) 同水或水蒸气发生反应的燃料元件包壳重量不超过堆内包壳材料总重量的 1%；

(4) 堆芯几何形态的变化应该限制在堆芯的可冷却的限度之内；

(5) 能对堆芯进行长时间的冷却，以去除衰变热。

在 LOCA 后的再淹没阶段，燃料包壳温度将上升到最高值。当炽热的燃料元件被水骤冷时，所产生的热应力不应使包壳破碎而应保持其密封性。引起破碎的锆合金脆化现象，取决于温度及氧化程度。第(1)及第(2)两项准则就是为了排除包壳脆化与熔化可能性而制定的。

准则(3)中限制锆和蒸汽(或水)反应产生氢气总量的目的在于使安全壳内氢气浓度保持在远低于氢和空气混合物能点火的浓度值以下。由于铀棒内裂变气体膨胀而产生的包壳局部肿胀可能影响冷却水在堆芯内的流动。按第(4)项准则规定，安全计算必须证明堆芯在几何形状发生变化之后仍可在再淹没过程中得到冷却。第(5)项准则的目的是要求有足够的长期堆芯冷却能力。

此五条验收准则中，以第一条为主要指标，用它可限制堆芯受破坏的程度，大量实验表明，当温度超过 1 204 ℃之后，锆合金包壳的性能会急剧恶化，从而引起包壳的脆化和大块破损。另外几条准则与第一条也有联系，如果包壳温度不高，锆水反应也不会太剧烈，也就不会产生大量氢气。

在1966年之前，采用10 in(1 in=2.54 cm)管道的单端破口为设计基准事故。1966年起，采用主管道双端断裂作为设计基准事故，并由于这一改变，在应急堆芯冷却系统(ECCS)设计中加入了安注箱；在1971年开始实施并于1975年写入文件的10CFR50.46的ECCS验收准则，成为有法律效力的要求，与它相适应的LOCA分析方法写入10CFR50的附录K。为适应这些要求，美国西屋公司把原来15×15组件，修改成17×17组件，以降低单位长度的功率而降低事故过程中的燃料包壳峰值温度(PCT)。1979年三哩岛事故后，SBLOCA，SGTR及VSB的分析受到了重视，并研制了适合于SBLOCA分析的计算机程序RELAP5。积累了多年研究成果，证明在LBLOCA过程中，PCT远低于1 204 ℃，过去的分析方法含有过大的保守性，于1988年NRC提出一种新的LBLOCA分析方法，即以现实分析加不确定性代替过去以附录K规定的方法。实施新的方法，有助于发挥出核电厂的潜力，具有巨大的经济成果。

失水事故的物理过程和现象与破口大小与位置有关。一般来说，由于破口的存在，系统快速减压，稳压器排空，主系统冷却剂达到饱和态开始容积沸腾。低压信号触发安全注射系统动作后，主系统热量经由破口和蒸汽发生器排出。安全流大于破口流后，堆芯恢复淹没状态。若破口较小，连续的安全注射可使主系统再次充压。

失水事故分析中必须采用如下保守假定：

(1) 所有通向有破口环路的安全注射水流全部丧失；

(2) 丧失一列安全系统，可运行的另一列工作于保守的低工作点；

(3) 所有保护系统信号均带有最大不定性；

(4) 安全流和辅助给水流考虑保守的时间延迟；

(5) 堆功率取102%额定功率值；

(6) 不考虑控制系统的作用；

(7) 热棒功率分布形状应使局部功率峰出现在堆芯上部。

4.3.1 大破口失水事故

4.3.1.1 大破口失水事故定义

压水堆核电厂大破口失水事故(LBLOCA)是指反应堆冷却剂系统主管道发生大破裂而造成的反应堆冷却剂丧失事故。设计基准大破口失水事故的极限情况是冷管段双端断裂并完全错开的情况。

4.3.1.2 大破口失水事故特征

大破口失水事故是反应堆冷却剂装量减少一类事故中冷却剂丧失量快的极限情况，其危害很大，主要表现在：

(1) 事故开始时，破口外的冷却剂突然失压，会在一回路系统内形成一个很强的冲击波，这种冲击波以声速在系统内传播，可能会使堆芯结构遭到破坏。此外，冷却剂的猛烈喷放，其反作用会造成管道甩动，破坏安全壳内设施。

(2) 堆芯冷却能力大为下降，可能致使燃料元件受到损坏。

(3) 高温高压的冷却剂喷入安全壳，致使安全壳内气体的压力和温度升高，危及安全壳的完整性。

(4) 燃料元件的锆包壳在高温时会与水蒸气发生剧烈的化学反应，所产生的氢积存在安全壳内，在一定的条件下有可能引起爆炸。

(5) 堆冷却剂中的放射性物质进入安全壳后，通过安全壳泄漏会污染环境。

4.3.1.3　大破口失水事故分析中的假设

保守分析中定义的 LBLOCA 为冷管段双端断裂并完全错开，失去厂外电源工况。

其基本假设为：

(1) 102%额定功率；

(2) 最大的功率不均匀因子；

(3) 轴向功率取截断余弦分布；

(4) 燃耗取最大气隙，最大能量储存；

(5) 由温度及空泡负反应性停堆；

(6) 衰变热取 1971ANS 标准 x1.2；

(7) 锆水反应取 Basker-Just 关系式；

(8) 考虑金属构件的能量储存；

(9) 取 Moody 喷放关系式，喷放系数 0.6～1.0；

(10) 对冷管段破口，全部 ECCS 在喷放阶段流出破口；

(11) 在 CHF 之后，在整个 Blowdown 阶段不再认为是泡核沸腾；

(12) 极限单一故障的选择，必须加以论证；

(13) 安全壳压力取保守的低值，以加强喷放；

(14) 在再淹没阶段，做主泵卡轴假设；

(15) 上封头温度假设；

(16) 需考虑燃料膨胀造成的流道堵塞效应。

4.3.1.4　大破口失水事故的事故进程

事故过程分为四个阶段：

(1) 喷放阶段，此时冷却剂由反应堆容器内大量喷出；

(2) 再充水阶段，此时应急堆芯冷却水开始注入反应堆压力容器内，但水位不超过堆芯的底部；

(3) 再淹没阶段，此时水位上升到足够高度以冷却堆芯；

(4) 长期堆芯冷却阶段，堆芯完全淹没，低压安注系统投入并足以去除衰变热。

下面具体介绍各阶段情况。

1. 喷放阶段

喷放分两阶段进行，即欠热喷放与饱和喷放。在开始的欠热喷放阶段中，一回路压力迅速下降到当前水温相应的蒸汽(饱和)压力。在此阶段，失压同时伴随着压力波的传播；因此，安全分析必须证明由这些压力波引起的机械负荷不致使系统损坏到构成对公众危险的程度。

在此后较长的饱和喷放阶段，冷却剂内生成蒸汽气泡，同时水与蒸汽的混合物由破口喷出;这一阶段大体将持续 15～20 s,直到系统压力大体等于安全壳内的压力。这种两相流相当于蒸汽与水混合物在管内的流动,称为“壅塞”流。它将持续一段时间,其中汽水混合物以最大音速喷出,蒸汽-水混合物流动时使燃料棒得到一定程度的冷却,故包壳温度短时间下降。然后由于液体的热焓增加,临界热流密度下降到最大热流密度以下;传热系数显著减少,同时包壳温度相应地升高。

当饱和喷放进行时,冷却剂内液相份额不断减少直到剩余的部分变为水与蒸汽的泡沫状混合物为止。泡沫的液位下降,使堆芯的上部裸露烧干。这时堆芯只能通过向四周结构辐射散热。于是包壳温度可能上升到使某些较热燃料棒因包壳过热失去强度而导致破损的程度。此时由锆水反应而产生的热能也助长了温度的进一步升高。

2. 再充水阶段

在喷放过程中,压水堆一回路压力降低信号将触发 ECCS 动作。安注箱将通过未破裂的冷端或直接经由下降段向堆压力容器内注入含硼水;这将为燃料提供部分冷却手段,但在初期仍有大量的水变为蒸汽-水混合物由破口喷出。

在冷段断裂事故中,希望注入的水沿下降段下降,再通过堆芯上升,但这一运动受到沿相反方向进行喷放的液流阻挡。由于阻力很大,很可能发生“ECC 水旁路流失”现象(见图 4-3-1),即注入的水沿下降段环形空间流动并从管道上的破口喷出,当喷放结束后,一部分硼水开始聚积在反应堆压力容器底部并进行再充水。如果外电源没有丧失,ECCS 的低压安注子系统将开始向反应堆压力容器注入含硼水。但若外电源也已丧失,而启动应急发电机总要滞后一段时间,故低压安注系统只能在再充水阶段的末期才开始动作,无论属于哪一种情况,燃料在再充水期间得不到充分冷却;只有汽水混合物的对流可以带出一些热量。

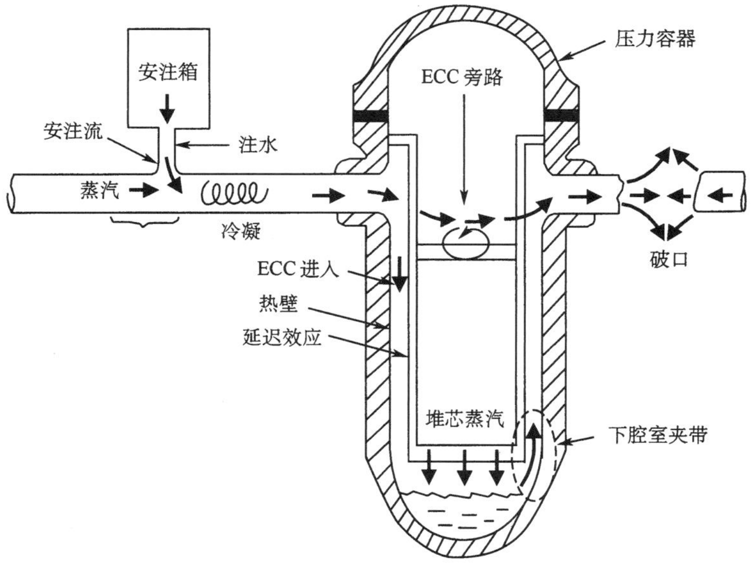

图 4-3-1 再充水过程中的 ECC 旁路

3. 再淹没阶段

当水位上升到燃料棒下端后，就开始了再淹没过程。当冷却水再上升时，它就与炽热的燃料包壳相接触；结果在后者表面上形成一层蒸汽膜，冷却水不易穿透。于是发生了池式膜态沸腾的工况。然而，堆芯底部的温度很快下降到冷水能够穿透汽膜的程度，从而发生了泡核沸腾。然后这部分包壳的温度迅速下降。在压水堆发生管道断裂事故后，其安注箱大约在 1 min 后就全部排空，但从 ECCS 的其他水源取得补充水可以在大约 2 min 将堆芯全部淹没。

再淹没过程中存在的一个问题就是向外泄漏的蒸汽压力趋向于阻止再淹没水的注入这种现象称为“蒸汽堵塞”，它使堆芯内水位上升的速率显著减少，实际上，由于注入水的惯性和堆芯内剩余蒸汽的可压缩性相互作用的结果，可能出现流量的振荡，在估计再淹没所需时间时，应将此因素考虑在内。

4. 长期堆芯冷却阶段

堆芯全部淹没后，低压安注系统继续从换料水箱取水注入反应堆压力容器，维持堆芯冷却，在换料水箱存水快用完时，换料水箱低水位信号将切换低压安注系统到安全壳地坑取水，通过低压安注再循环工况实现长期堆芯冷却。

4.3.1.5 大破口失水事故的主要参数变化

参数变化过程见图 4-3-2。

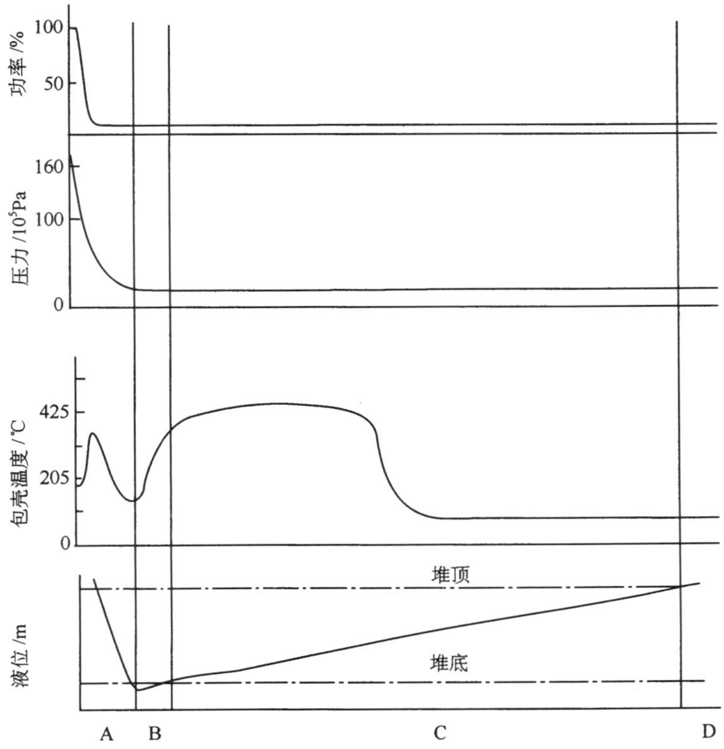

图 4-3-2 大破口失水事故进程

A—喷放；B—再充水；C—再淹没；D—长期冷却

1. 堆功率变化

由于大破口失水事故系统压力降低极快，大约在 0.1 s 内，即可降至冷却剂的饱和压力，从而生成大量蒸汽，空泡效应引入的负反应性，使反应堆自行停闭。停堆后剩余中子功率迅速减小，此后主要释放衰变热，衰变热功率不大，但持续时间极长。

2. 压力变化

在最初短的一段时间内为欠热喷放，压力迅速下降，进入饱和喷放阶段后，压力下降稍见缓慢。在再灌水、再淹没阶段，注入的低温安注水使堆芯的水蒸气凝结，此后水位虽在上升，但系统压力仍作缓慢下降。

3. 热点包壳温度

停堆时，燃料元件棒内储存了大量热量，在堆芯流量由正常运行工况下的正向流动变为喷放反向流动过程中，堆芯出现流动滞止现象，传热恶化，包壳表面形成膜态沸腾，使包壳温度迅速上升，这称之为贮能再分配现象。

当堆芯形成反向流动，又建立起一定的传热能力，包壳温度下降，形成喷放阶段的包壳温度峰值。

在再灌水阶段，堆芯内既无液体冷却剂，又无蒸汽流动，元件棒处在裸露状态，是主要的升温阶段。

再淹没开始，堆芯内蒸汽流动增加，且蒸汽内夹带有小液滴，使燃料元件的冷却好转，一进入再淹没阶段，热点包壳温度变化的梯度就发生改变，随着蒸汽产量的增加，包壳升温越来越缓慢，继而开始下降，在 LBLOCA 过程中，包壳温度达到最高点并开始下降，是在骤冷前沿到达之前，由蒸汽流动冷却而形成的。

在骤冷前沿达到之处，包壳温度迅速下降，此后元件处于自然对流冷却环境中，维持一个不太高的温度。

由于衰变热维持的时间很长，长期冷却阶段将需维持很长一段时间，ECCS 要一直保持工作，在换料水箱的水用尽后，改用再循环方式冷却。

4. 堆芯水位

在整个喷放阶段，堆芯水位持续迅速下降，当上升蒸汽流量近于零时，可认为喷放阶段结束。在喷放阶段结束前，ECCS 注入水不能流至堆芯，由上升蒸汽托住，仅从破口流出，称之为 ECCS 旁路现象。喷放阶段结束后，安注箱水及低压安注泵注入水才能流至下腔室。需要提及的是，在图 4-3-2 上，堆芯水位在喷放阶段结束时，未扣除在喷放阶段中进入系统的安注水，按保守的 LBLOCA 分析是需要扣除的，在曲线上应见到水位的突然下落。

在水位上升至堆芯底部，开始再淹没阶段，堆芯全部淹没后进入长期冷却阶段。

4.3.1.6 有关 LBLOCA 讨论

1. 破口位置的影响

分析表明，冷管段破口会造成最高的包壳峰值温度（PCT），其原因是：

（1）破口流量与原堆芯流量方向相反，引起喷放早期冷却恶化；

（2）上腔室压力高，使堆芯水位降低；

（3）破口流出的是低焓冷却剂，流量大而带出的热量少；

（4）ECCS 冷却剂流失比例高。

这是对堆芯响应分析而言的，对于安全壳压力分析则很可能是热管段或中间管段破口后果更严重。

2. 喷放系数 CD 的影响

喷放系数 CD 的影响，也就是指破口尺寸的影响，喷放系数取 1.0，即相当于 200%管道截面破口，如取 CD=0.6，相当于 120%管道截面破口。

分析表明，并不是喷放系数 CD 为 1.0，其包壳峰值温度(PCT)最高，这是因为 PCT 的高低与喷放结束时燃料元件储存的能量多少有很大关系。破口大(即喷放系数 CD 取值大)，事故过程中堆芯冷却剂从正向流动变为反向流动的时间短，恶化冷却不严重；破口略小，流动滞止现象显著，从而影响喷放早期元件的冷却，喷放结束时元件贮存能量可能更多；如果破口再小一些，则又推迟元件裸露的时间，燃料元件贮存又减少了。一般，对于 1 000 MW的压水堆核电厂，大致在喷放系数 CD=0.6 时，可得最高 PCT，对于较小的反应堆，造成最高 PCT 的 CD 可能会小一些。

3. 燃耗的影响

燃耗的影响主要在于燃耗影响芯块与包壳气隙的大小，从而影响稳定运行时，燃料元件贮能的多少，燃料芯块受到辐照，先期收缩，后期膨胀，中间有一段时间气隙最大，此时燃耗大约为 7 000～8 000 MW·d/tU。这一因素可影响 PCT 约 20 ℃。

4. 主泵运行方式的影响

在 LBLOCA 事故过程中，如主泵保持运行，会发生喷放早期堆芯再灌水现象，对缓解事故极为有利。

5. 上封头冷却剂初始温度的影响

上封头储存了 10 t 冷却剂，在事故过程中，这些冷却剂会因温度不同而起不同的作用。

上封头内的冷却剂极少流动，它受 γ 射线等热源加热，为使其温度不至于太高，一般在吊兰上打孔，以提供上封头旁路流量。这些水通过控制棒导管等一些缝隙流入上腔室。在 LBLOCA 过程中，稳压器会首先排空。这时在整个一回路中，上封头水温可能会是最高的，于是这些水就开始蒸发，上封头起了稳压器的作用。系统的压力降不下来，会使安注信号推迟，在上腔室压力的压迫下，堆芯水位将降低。因而上封头水温越高，事故越严重。过去的设计中，上封头旁路流量为总流量的 0.5%，对此在作事故分析时，偏高地取上封头温度为堆芯出口温度，同时不考虑这方面的不利因素，加大了上封头的旁路孔，使这一流量达到总流量的 2%，降低了上封头冷却剂的温度，这样上封头就相当于一个安注箱。对此相应的假设上封头温度为冷管段温度，并又提出上封头温度太冷，也是不利的。如果上封头温度稍高一些，会使事故过程中的 PCT 更低，因而假设上封头温度为冷管段温度是属于保守的。这一说法很难给以确切的证明，也许是为这一假设提供借口。而又有一些原来放大旁路孔的设计者把旁路又改小回去，恢复到 0.5%的上封头旁路流量。这是一个有待进一步研究的课题。

6. 安注流量的影响

一般地说，而且多年来已形成一个结论，安注流量越大，事故过程中的包壳峰值温度越低。因此，在 LOCA 分析中，对于堆芯计算，总是假设一路安注失效及安全壳喷淋泵全部投入(降低安全壳背压，增大喷放流量)，但在有些参数综合条件下，最大流量安注会起不利的作用，其原因是这样会使喷放液体的焓值减小，从而降低安全背压，而且较冷的水在堆芯产生的蒸汽量较少，减弱了对上部元件的冷却。

7. 安注箱初始压力的影响

安注箱初始压力的设置应与事故进程的时程相适合。安注箱大部分储水应在喷放阶段结束后注入系统。如果安注箱初始压力过高,则在喷放阶段就可使安注箱几乎排空,这对缓解事故是不起作用的。

4.3.2 小破口失水事故

4.3.2.1 小破口失水事故定义

压水堆核电厂小破口失水事故是指由于反应堆冷却剂系统管道或与之相同的部件小破裂所造成的冷却剂丧失速率超过冷却剂补给系统正常补水能力的冷却剂丧失事故。

在反应堆冷却剂装量减少一类事故中,一般来说,大破口失水事故最为严重,但由于小破口失水事故中 RCS 降压速率慢、事故过程中可能在高压阶段出现长时间的堆芯裸露而引起燃料元件升温并损坏,因而,事故分析中要求对小破口失水事故也要作出全面而深入分析。

4.3.2.2 小破口失水事故特征

(1) 系统冷却剂丧失速率较小,卸压速度较慢,由此而使得系统内汽相与液相分离,使水力学与传热学上具有相分离的特性。

(2) 卸压过程在很大程度上受到蒸汽发生器导热效果的影响。

(3) 小破口失水事故只有喷放、再淹没和长期堆芯冷却三个阶段,没有再充水阶段。

(4) 小破口失水事故降压过程中有一个明显的压力略高于二次侧热阱压力的压力平台,而大破口失水事故没有。

由于破口位置的不同,小破口失水事故可分为冷段破裂小破口失水事故、热段破裂小破口失水事故和汽腔小破口失水事故三种。一般而言,冷段破裂小破口失水事故最为严重。汽腔小破口失水事故是指稳压器汽空间之上发生小破裂所致的失水事故和稳压器安全阀或释放阀意外开启所导致的失水事故,也称为泄压事故。

4.3.2.3 小破口失水事故分析方法

小破口失水事故分析一般分两步进行,首先是分析反应堆系统的总体热工水力响应,一般采用 RELAP5 程序来进行;第二步是进行燃料元件热棒分析,以计算燃料包壳的峰值温度,通常采用 TOODEE2 程序或 FRAP-T6 程序进行,也可非常保守地用 RELAP5 程序作单通道热棒分析。

在系统分析中,事故假设以 10CFR50 的附录 K 为依据,主要有:

(1) 堆芯初始功率考虑正偏差;

(2) 堆芯衰变热放大 20%;

(3) 考虑单一故障,失去一路安注电源;

(4) 注入破损环路的安注流量全部丧失;

(5) 丧失厂外电源,主泵失电惰转,SG 释放阀和真空冷凝失效;

(6) 破口位于不含稳压器的环路;

(7) 稳压器低压为停堆信号,动作延迟;停堆同时停汽轮机,主给水终止,辅助给水延迟投入;

(8) 稳压器低-低压为安注信号，动作延迟。

在热棒和热通道分析中，主要假设有：

(1) 堆芯功率分布取寿期中最严重的趋顶功率分布，峰值因子取最大允许值；

(2) 热通量工程热管因子、流动交混因子、流量再分配因子、入口腔流量分配因子和工程热管因子等均保守选取。

4.3.2.4　小破口失水事故的事故进程

小破口失水事故的事故进程包括 4 个阶段：

第一阶段是环路自然循环维持阶段。在此阶段，由于环路自然循环存在，堆芯释能及时经 SG 排出，RCS 降压较快，SG 在此阶段起着重要的热阱作用。该阶段的压力容器水位下降主要由破口冷却剂过冷排放所致。

第二阶段是环路水封存在阶段。在此阶段，由于环路自然循环终止及环路水封的出现，SG 排热受阻，堆芯衰变热主要靠 SG 传热上段的蒸汽回流冷凝及堆内的冷却剂向从破口排放来带出。由于这两种方式的排热率较低，不足以及时除去堆芯衰变热，因而堆芯内冷却剂大量蒸发，蒸汽在上腔室的积聚迫使压力容器水位快速降低，进而引起堆芯裸露及燃料包壳升温。该阶段是事故的主要阶段，RCS 处于准稳压状态，堆芯出现裸露，燃料包壳急剧升温。该阶段中，SG 二次侧热阱仍然起着重要作用，SG 的回流冷凝在较大程度上限制了事故的后果。

第三阶段是环路水封清除阶段。在此阶段，由于环路水封的清除，积聚在上腔室的蒸汽可经环路从破口喷出，上腔室的压力降低，压力再平衡迫使下行段中的冷却剂及高压注水涌入堆芯，堆芯水位得到恢复，燃料包壳得到冷却。该阶段堆芯衰变热主要靠堆芯冷却剂蒸发并从破口的排放而带出。由于蒸汽排放仍然存在，冷却剂装量没有明显回升，堆芯再次裸露的可能性仍存在。

第四阶段是长期堆芯冷却阶段。在此阶段，由于高压安注流量的增加和安注箱的投入，RCS 装置明显回升，堆芯水位也整体回升。安注箱排空后，低压安注系统将投入注水并切换成再循环工况实现长期堆芯冷却。

4.3.2.5　小破口失水事故的主要参数变化

1. 堆功率

事故开始，破口冷却剂丧失使得 RCS 快速降压，引起慢化剂密度下降，导致堆功率单调下降。当压力降到低压停堆压力时，停堆保护系统开始紧急停堆，随着控制棒的插入，堆功率剧减并快速降到衰变热水平。

2. 系统压力

如图 4-3-3 所示，事故开始时，RCS 因破口冷却剂过冷临界喷放而快速降压，到上腔室及热段冷却剂温度所对应的饱和压力后因事先反应堆冷却剂泵断电影响堆芯排热，上腔室及热段冷却剂开始闪蒸，RCS 出现短暂的再稳压阶段。此后由于堆芯功率下降，上腔室和热段冷却剂逐渐冷凝，RCS 降压恢复。随着 RCS 降压触发低压停堆，堆功率剧减，上腔室及热段流体温度随之也快速降低，直至衰变热工况下上腔室及热段流体温度所对应的饱和压力。停堆同时汽轮机隔离，二回路压力剧增，导致一、二回路压力基本平衡，RCS 进入缓慢降压阶段，主蒸汽安全阀的开闭引起二回路压力起伏。由于环路自然循环终止，主泵入口

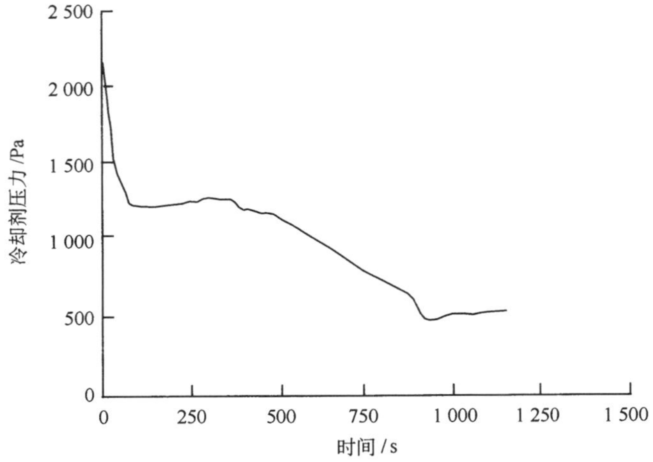

图 4-3-3 小破口失水事故稳压器压力变化示意图

前的 U 形段出现水封。水封的出现使得破口排热受阻，RCS 降压更为缓慢。由于环路压差不断变化，使得环路水封清除，破口开始蒸汽排放，RCS 降压恢复。RCS 降压引起安注箱注入，RCS 降压加快。环路水封清除之后，二回路压力已高于 RCS 压力，SG 出现逆向传热，二回路也降压。

3. 水位

如图 4-3-4 所示，一开始，由于位置较高的稳压器尚未排空，压力容器水位维持不变，当压力降到上腔室冷却剂温度所对应的饱和压力，引起上腔室冷却剂闪蒸后，压力容器水位开始下降。随后由于堆功率衰减，上腔室蒸汽逐渐冷凝，压力容器水位有所回升。当稳压器排空后，压力容器水位开始快速下降。此后尽管高压安注开始投入，但因注入流量较小，不足以弥补破口流失，压力容器水位仍然降低。当水位降到堆入、出口接管所在的水平面以后，压力容器水位出现一段稳定期。由于环路自然循环终止及环路水封的出现，堆芯冷却剂开

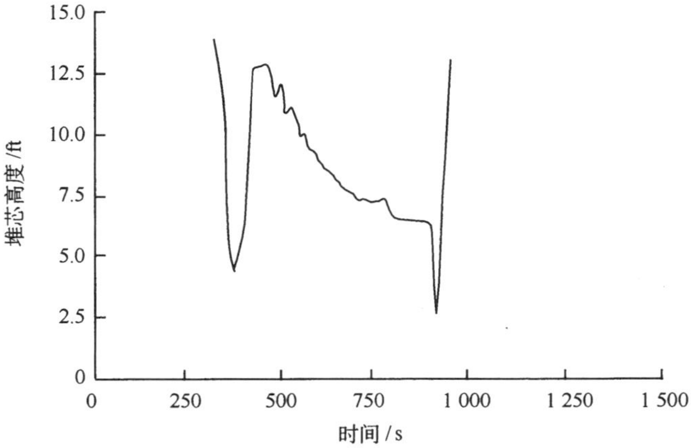

图 4-3-4 小破口失水事故堆芯水位变化示意图

始大量蒸发，蒸汽在上腔室聚集迫使堆芯部分液相冷却剂流入下行段，并使高压安注注入难以进入堆芯而直接从破口流失，上腔室蒸汽经破口大量排除后，压力再平衡迫使堆下行段内的冷却剂及高压安注水流入堆芯，堆芯水位开始快速回升，重新淹没堆芯。此后堆芯冷却剂蒸发仍然存在，堆芯水位存在一定的起伏并可能再次出现堆芯裸露。到安注箱注入后，堆内水位开始整体回升。

4. 包壳温度

如图 4-3-5 所示，事故开始，由于事先停泵及芯块存储热释放，包壳出现短期升温。接着由于堆功率下降，包壳温度开始下降。堆芯裸露后，包壳开始升温，直到环路部分水封临时清除使得部分液相冷却剂涌入堆芯、燃料包壳得到淬火后，包壳温度大幅度下降。环路水封清除后，由于堆芯迅速淹没，包壳升温结束。

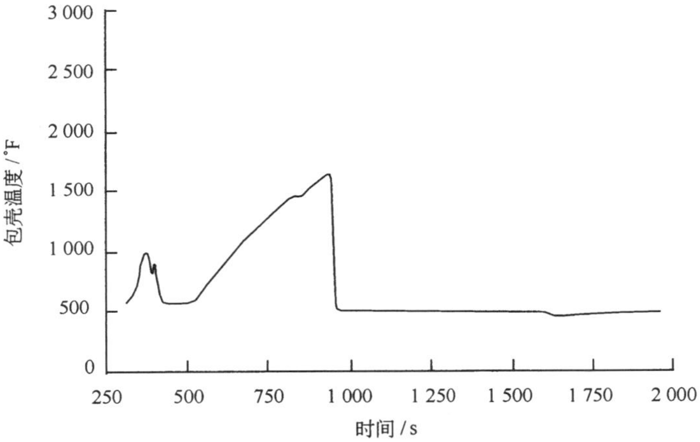

图 4-3-5　小破口失水事故包壳温度变化示意图

4.3.2.6　有关 SBLOCA 的讨论

1. 破口位置的影响

按破口位置来划分，SBLOCA 可分为冷段破口、热段破口和气腔破口三类。

在冷段破口事故期间，反应堆堆芯出现裸露，燃料包壳出现升温，而在热段破口事故期间没有出现这些现象，因而在同样破口面积的情况下，冷段破口比热段破口更危险。

在热段破口事故中，堆芯不裸露，燃料包壳不出现升温，这是因为热段破口有利于上腔室和热段蒸汽从破口排出，使得上腔室及热段压力相对较低，RCS 装量易流入堆芯，堆芯水位维持较高，因而不出现堆芯裸露。另外，由于冷却剂从热段破口排出时大都要经过堆芯，这有助于堆芯流量的维持，保持较好的堆芯冷却，使得堆芯衰变热能及时经破口排出，因而燃料包壳不出现升温。就热段破口瞬态特性来说，由于热段冷却剂温度较高，密度较低，因而热段破口饱和喷放出现早，破口流量小，装量损失慢，RCS 降压慢，停堆和安注系统投入晚。另外，在热段破口事故中，由于上腔室及热段蒸汽能直接从破口排出，环路水封清除不重要。气腔小破口系统响应与热段破口基本相同，其主要特点是会出现稳压器高水位现象。

2. 主泵运行效应

(1) 主泵运行能加速 RCS 早期降压,使安全保护动作提前。事故早期,由于二次热阱的存在,主泵运行能维持环路循环流量,加强 SG 输热,使得早期堆芯产热及时排出,降压较快。由于早期降压快,因而安全保护动作也相应变早。

(2) 提高堆芯水位,避免堆芯裸露。主泵运行能提高堆芯下行段的压力,使得下行段冷却剂被压入堆芯,因而堆芯水位一直维持在较高水平,不出现堆芯裸露,因而燃料包壳冷却较好。事故期间,燃料包壳未出现升温现象。

(3) 加强冷却剂交混,影响冷却剂损失。由于主泵运行能加强冷却剂交混,因而它将对破口处冷却剂密度及流量带来影响,从而影响冷却剂损失。具体影响与破口位置有关。在冷段破口早、中期,由于冷段冷却剂是 RCS 中温度最低、密度最高的流体,主泵运行的交混作用使得破口冷却剂密度变得低而均匀,破口的流量变得小而稳定,从而使得装量损失减少。加之由于主泵运行有利于早期 RCS 降压,使得安注投入较早,流量较大,因而装量下降较慢。到后期,破口暴露在蒸汽中后,主泵运行将增加冷却剂损失。对热段破口来说,由于热段冷却剂几乎总是 RCS 中温度最高的,运行的交混作用使得破口冷却剂密度变得高而均匀,破口流量大而稳定,但影响程度并不大,这是由于主泵运行对 RCS 装量影响要由主泵运行引起破口流量增加和主泵运行加速降压引起安注流量增加两方面决定。

3. 破口尺寸的影响

破口尺寸越大,RCS 降压越快,冷却剂装量衰减越快,堆芯裸露越早,且裸露越深,停堆和安注一系列安全保护动作越早,事故进程越快。

比较各不同破口尺寸时,SBLOCA 的危险程度并不随破口尺寸的增大而增加,而是存在一个最危险的破口尺寸,当破口尺寸小于该尺寸时,危险程度随破口尺寸增大而增加,而当破口尺寸大于该尺寸后,危险程度随破口尺寸增大而减小。该结果可用堆芯裸露深度和堆芯裸露持续时间来加以说明。不同破口面积下典型小破口失水事故的压力变化趋势比较见图 4-3-6。

4.3.3 蒸汽发生器传热管破裂事故

4.3.3.1 蒸汽发生器传热管破裂事故定义

压水堆核电厂蒸汽发生器传热管破裂事故(SGTR)是指由于蒸汽发生器传热管破裂所造成的冷却剂丧失速率超过冷却剂补给系统正常补水能力的冷却剂装量减少事故。设计基准事故只考虑一台蒸汽发生器单根传热管完全断裂,属Ⅳ类工况。多根传热管破裂或单根破裂伴随其他安全设施失效属超设计基准事故。

4.3.3.2 蒸汽发生器传热管破裂事故特征

蒸汽发生器传热管事故是失水事故的一种特殊情况。从一回路装量减少的立场来看,蒸汽发生器传热管破裂事故的严重性完全可以用小破口失水事故来包络。但从放射性释放和操纵员干预的立场上来看,则又与小破口失水事故完全不同,这主要表现在:

(1) 小破口失水事故仅失去一回路压力边界完整性,放射性释放被包在安全壳内;而 SGTR 事故意味着同时失去一回路压力边界的完整性和安全壳的完整性,放射性物质旁通安全壳而直接释放到环境;

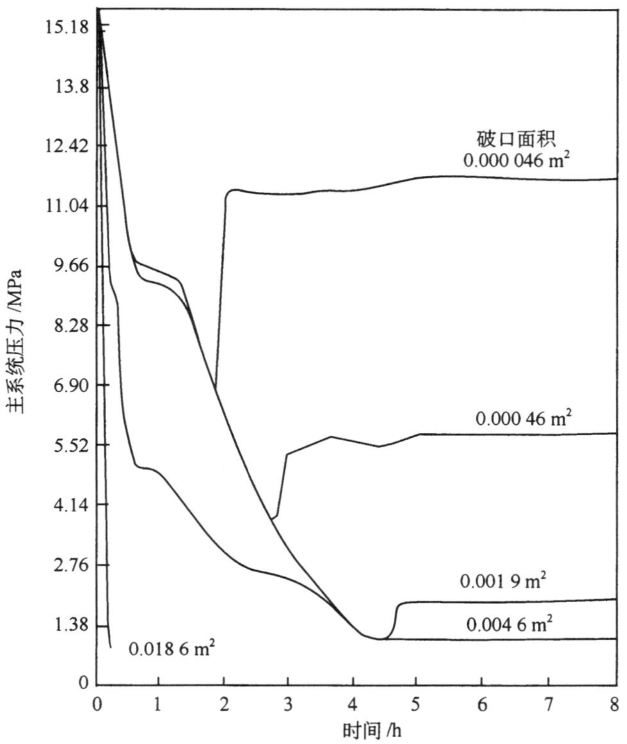

图 4-3-6　小破口失水事故压力变化趋势

(2) 小破口失水事故在 30 min 内不要求操纵员干预，而 SGTR 事故则要求操纵员必须尽快干预。

在 SGTR 过程中，一回路放射性物质可通过 SG 的释放阀和安全阀直接排放到环境，这意味着核电厂同时失去两道安全屏障(冷却剂压力边界和安全壳)的完整性，是一种放射性释放较为严重的事故。

由于压力上升，破损蒸汽发生器二次侧出现高压和高水位，导致卸压阀开启。几十分钟以后，蒸汽发生器水位超量程并进一步满溢，卸压阀开始喷水，此后安注流率基本与破口流率平衡，一二次侧维持相对稳定的压差。

与 LOCA 相比，SGTR 事故有以下几个特征现象：

(1) 事故前后安全壳仪表指示没有变化

在 SGTR 事故中，没有一回路或二回路液体进入安全壳，不会出现异常的安全壳压力、温度、湿度、辐射水平或地坑水位。安全壳工况正常与否是区分 SGTR 事故与其他失水事故或安全壳内二回路系统管线破裂的一个标志。

(2) 破损 SG 水位、给水流量异常

传热管破裂后，一回路冷却剂通过破口进入破损 SG 二次侧，会引起破损 SG 二次侧压力和水位增加及蒸汽流量和给水流量失配。停堆后，全部 SG 水位都会先降出窄量程范围，接着由于辅助给水系统的投入，全部 SG 水位又都会恢复到窄量程范围。破口流量的存在使得破损 SG 重建水位需要较小的辅助给水流量，如果补入所有 SG 的辅助给水流量都一样，而破损 SG 的水位会比其他 SG 快，接着破损 SG 需要更多的辅助给水节流，进而造成破损 SG 的水位和辅助给水流量与完好 SG 有明显的差异，破损 SG 水位偏高，辅助给水流量偏低。这样一特征不仅可以用来区分 SGTR 事故和其他失水事故，还可用来鉴别破损 SG。失水事故中，各 SG 的水位和给水流量不会有显著差别。

(3) 冷凝器排气和 SG 排污取样系统辐射水平异常

SGTR 事故中最具有特征的是 SG 二次侧的冷凝器排气和 SG 排污取样系统的放射性监测指示异常，辐射水平偏高。在辐射水平达到它们的整定值后，会给出高放射性报警，这对区分 SGTR 事故和其他 LOCA 是特别有用的。

4.3.3.3 蒸汽发生器传热管破裂事故分析方法及验收准则

由于从一回路装量减少和堆芯淹没的立场来看，SGTR 事故已经被小破口失水事故所包络。因而 SGTR 事故分析重点是放射性分析。放射性后果分析是以一回路到二回路的质能传递和到环境的质能释放为基础的，通常分两步进行，第一步是进行带放射性的物质释放到环境的质量和能量计算，通常采用系统分析程序(如 RETRAN)进行；第二步再计算释放到环境的放射性剂量，采用放射性分析程序。

质能释放分析中，是以获得最大的一回路到二次侧的泄漏和最大二次侧到环境的释放为出发点，即凡使质量排放更多，满溢更早的假设都是保守的，主要的保守假设有：

(1) 单根传热管双端断裂，破损传热管可以从集总传热管中分离出来，单独模拟，用 Moody 模型计算喷放量，喷放系数取 1.0。

(2) 假定停堆同时失去厂外电源，主泵不运行，用冷凝器实施旁路排放。

(3) 对于安注系统、辅助给水系统，不设单一故障，全容量投入运行。

(4) 以稳压器低压为停堆信号，取低设置值，停堆后主给水延迟终止，辅助给水偏早投入，以稳压器低-低压为安注启动信号，取高设置值，小的延迟时间。

(5) 反应堆初始运行于 102% 额定功率，稳压器压力取正偏差，SG 二次侧原来取负偏差。

(6) 考虑 SG 释放阀的作用，设定值取负偏差，在条件满足低压，水位较高时，考虑稳压器加热的投入。

(7) 允许稳压器电加热器在条件满足时运行，但喷淋不动作。

(8) 操纵员在事故发生后 30 min 内不动作。(如果分析结果表明 30 min 内破损 SG 出现满溢，则必须论证在考虑适当的操纵员动作后，破损 SG 在破口流量终止前不满溢，并要求论证操纵员反应时间的合理性和可行性，以及作主蒸汽管道的动力学分析以证明主蒸汽管道可承受满溢)

1979 年以前，SGTR 事故的验收准则是 30 min 内一回路流入二回路的冷却剂质量不超过 125 000 lb(1 lb≈0.454 kg)。而在 1979 年以后放宽为放射性不超过 10CFR100 工况Ⅳ的限值。对质能释放分析来说，要求事故发生后 30 min 内破损 SG 不满溢。(如果分析结果表明 30 min 内破损 SG 出现满溢，则必须论证在考虑适当的操纵员动作后，破损 SG 在破口流量终止前不满溢，并要求论证操纵员反应时间的合理性和可行性，以及作主蒸汽管道的动力学分析以证明主蒸汽管道可承受满溢)。

4.3.3.4　蒸汽发生器传热管破裂事故进程

1. 没有人为干预时的事故进程(见图 4-3-7)

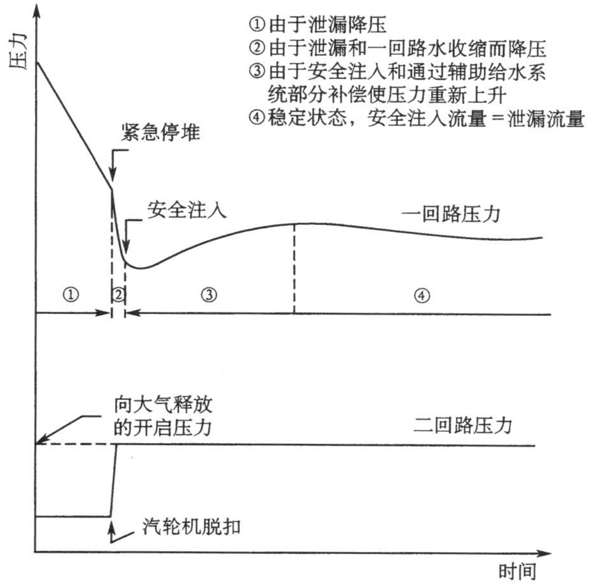

图 4-3-7　SGTR-操作员干预前事故进程

当发生蒸汽发生器传热管破裂事故时，操纵员在 30 min 内不动作。

(1) 一回路变化：在蒸汽发生器传热管破裂事故开始阶段，一回路的变化与一回路出现小破口失水事故的情况非常相似。与小破口失水事故的不同之处是，传热管破口的流体流动不是临界流，泄漏的流量仅取决于一回路与二回路之间的压力差。

传热管破口的出现，导致一回路水丧失，所以一回路压力下降，在压力下降的初始瞬间，化学和容积控制系统上充流量的增加来补偿一回路水的丧失，并且以后通过稳压器水位低引起下泄回路的隔离来补偿。

由于最大上充流量不足以补偿泄漏流量，接着是一回路压力下降。当压力下降到稳压器低压阈值时，它引起反应堆紧急停堆，并使汽轮机脱扣。

核功率的停止导致一回路急剧降温，因而一回路水收缩，它加速一回路压力下降。当一回路压力低于稳压器压力极低的阈值时，它导致安注系统投入工作，后者将化学和容积控制系统回路隔离，并趋于补偿一回路水的流失，因此趋于保持破口的泄漏流量。

高压安注泵的流量一旦大于破口流量时，一回路压力回升，并稳定在由剩余功率水平以及同时通过破口和与二回路间的热交换导出的能量所决定的一个值上。然后，由于启动蒸汽发生器辅助给水系统，这个压力水平缓慢减小。辅助给水系统以较冷的水充满蒸汽发生器，增大了二回路的冷却能力。由此引起泄漏流量稍微下降，以及安注流量稍微增大。

至于稳压器，在事故的第一阶段，它的水位降低，因为化学和容积控制系统回路仅部分地补偿一回路水的损失。紧急停堆以后，由于一回路水收缩，它迅速地向外排水。在安注系统投入工作后，一回路中的水量趋于稳定，稳压器中的水位很可能超出测量范围。

在没有任何人为干预的情况下，一回路压力稳定在高于二回路的值上，这个值使得破口处的流量被安注系统准确地补偿，于是剩余功率通过破口，同时通过蒸汽发生器管束上的热交换输送到二回路。

(2) 二回路：事故发生后，故障蒸汽发生器二次侧表现为有来自一回路的水和能量，特别是导致二回路的污染。

紧急停堆以前，如果调节系统在工作，所有蒸汽发生器中的水位将保持恒定。可以观测到，紧接着断裂发生，故障的蒸汽发生器的水位瞬时升高(由于在热交换器区域提供的能量和水量引起膨胀)。

没有水位调节时，由于提取的蒸汽总量(由蒸汽流量调节保持恒定)与进入的水量(恒定的给水流量＋断裂传热管破口流量)之间不平衡，故障蒸汽发生器中的水位连续增长。同时，故障蒸汽发生器产生的蒸汽流量的增加，减少了从其他完好蒸汽发生器提取的蒸汽流量，则其他蒸汽发生器水和蒸汽流量出现不平衡，水位稍有增加。在事故的这一阶段，二回路压力变化不大。

紧急停堆后，由于蒸汽流量很快降为零而引起收缩，所有蒸汽发生器中的水位将大幅度下降。

汽轮机脱扣后，如果通向凝汽器的旁路系统不可用，将导致蒸汽压力增高，直到大气释放阀开启。如果通向凝汽器的旁路系统可用，它的开启使一回路压力下降更加明显。

蒸汽发生器辅助给水系统的两个电动辅助给水泵由于安注系统投入工作而启动，使得所有蒸汽发生器的水位回升。故障蒸汽发生器因为一回路水经过断裂的传热管进入二回路，与辅助给水系统的水相加，所以水位增长快得多。这台蒸汽发生器在辅助给水系统的电动辅助给水泵和汽动辅助给水泵供水时，有满溢的可能。满溢具有相当严重的后果，由于卸压阀直接通向环境，满溢后将直接造成大量的放射性释放，这就要求运行人员必须在30 min内找到和确认故障蒸汽发生器，并成功将其隔离。

2. 操纵员干预后的事故进程(见图 4-3-8)

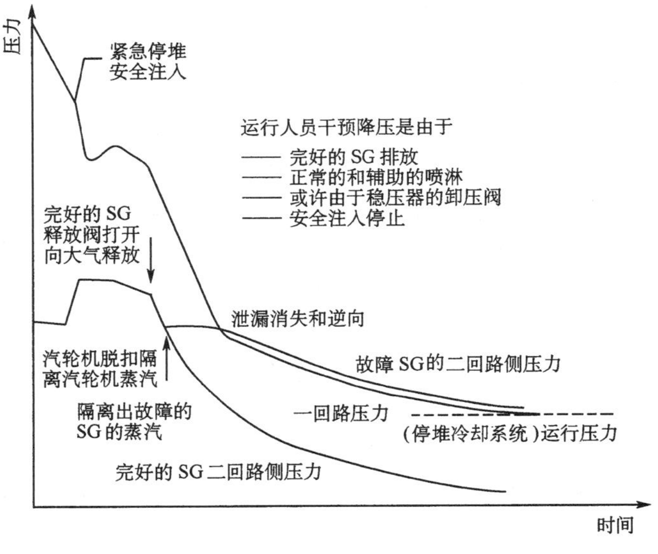

图 4-3-8 SGTR-操纵员干预后事故进程

运行人员的第一项工作是识别事故和发生故障的蒸汽发生器。这主要是根据蒸汽发生器的排污水放射性的报警和蒸汽发生器水位演变情况来判断的。

一旦辨认清楚，就应当隔离故障蒸汽发生器，以限制其向大气排放。重要的是消除泄漏，这要由一回路减压实现。

运行人员首先采取的措施之一是开启故障蒸汽发生器的排污回路，以避免蒸汽发生器满溢。

隔离了破损的蒸汽发生器并由完好的蒸汽发生器冷却时，后者的内压力固定在释放阀的整定阈值水平；当一回路压力小于二回路压力时，泄漏反向，因而有稀释一回路水的风险[5]。

4.3.3.5 蒸汽发生器传热管破裂事故后果

SGTR 不仅后果严重，也是要求操纵员立刻干预的事故，若操纵员处理不及时或不当，极易造成破损 SG 满溢。一旦出现 SG 满溢，则可能导致事故升级，因为满溢将使：

(1) 排放到环境的放射性大大增加；

(2) 使主蒸汽管道充水，从而危及其完整性；

(3) 水从 SG 的释放阀及安全阀排出时，易导致这些阀门卡开。

由于满溢的严重威胁，因而对 SGTR 的干预应兼顾两个方面，既要防止系统水量过多而引起的满溢，也要防止系统水量过少而导致堆芯损坏，这使得 SGTR 干预的应急操作规程较为复杂。

4.3.3.6 操纵员的干预动作

为停止一回路至二回路的破口流量，操纵员应进行如下动作：

(1) 必须正确诊断事故，并确定是哪一个 SG 发生传热管破裂。在诊断中主要可依据：

- SG 高水位及蒸汽、给水流量不匹配
- 蒸汽管道 ^{16}N 放射性报警
- 冷凝器抽气系统放射性报警
- SG 排污系统放射性报警
- 根据安全参数显示系统报警

(2) 手动关闭破损 SG 的隔离阀，调高破损 SG 的释放阀开启设定值。

(3) 利用完好 SG，实施 RCS 降温(可不必限制降温速率)。

(4) 利用正常稳压器喷淋或辅助喷淋，使 RCS 降压。

(5) 利用稳压器释放阀使 RCS 降压(注意在降压过程中保持热管段 20 ℉欠热度)。

(6) 在稳压器水位恢复，热管段欠热度得到保持的情况下，停止或减少高压安注的注入。

(7) 在有厂外电源的情况下，可不停主泵，以加速利用完好 SG 使 RCS 降温。

4.4 主蒸汽管道破裂事故

4.4.1 主蒸汽管道破裂事故定义

主蒸汽管道破裂事故(MSLB)是指由于主蒸汽管道破裂而造成的二次系统排热增加的

事故。设计基准事故内的极限工况是一台蒸汽发生器主蒸汽管道双端断裂的事故，它是二次系统排热增加这一类事故中最严重的情况。

4.4.2 主蒸汽管道破裂事故特征

主蒸汽管道发生破裂后，与破损管道相连接的蒸汽发生器内的二次侧水将汽化成蒸汽，从破口喷出，蒸汽流量开始很大，可达额定功率下蒸汽流量的好几倍，以后随着蒸汽发生器内压力的降低而逐渐减小。一回路向二回路导热的增加，使一回路冷却剂的压力与温度迅速降低。由于慢化剂具有负温度反应性系数的特性，温度下降将对堆芯引入正反应性。事故发生后，由于保护系统动作，控制棒下插，使反应堆具有一定的停堆深度。慢化剂温度下降引入的正反应性将使停堆深度变浅，甚至使反应堆重返临界，堆功率升高。

主蒸汽管道如发生破裂，大量蒸汽将从破口喷出，蒸汽发生器二次侧压力及温度下降，一回路向二回路传热增加，引起慢化剂温度降低，从而造成堆芯反应性增加，若反应堆处在停堆状态下，可造成停堆裕度降低，甚至重返临界和重返功率。若反应堆处在功率运行下，将引起功率水平提高，从而触发超功率保护，此后冷却堆芯的过程与初始零功率工况相同。

主蒸汽管道发生破裂事故危害有：

（1）因局部热负荷过大，损坏堆芯燃料元件，由于在控制棒下插状态下，功率不均匀系数很大，增加了堆芯损坏的可能性；

（2）向环境释放放射性物质；

（3）大量的二次冷却剂带着热量进入安全壳，使安全壳内压力升高，危及安全壳的完整性。

4.4.3 主蒸汽管道破裂事故分析方法及验收准则

一般采用 RETRAN 程序来分析主蒸汽管道破裂事故，主要保守假设有：

（1）事故发生在寿期末热态零功率工况，主蒸汽管道双端断裂，蒸汽管道的有效破口面积为蒸汽发生器出口限流器的咽部面积；

（2）停堆深度、慢化剂密度（或温度）反应性系数、燃料 Doppler 反应性系数保守选取，并假定一束价值最大的反应堆停堆控制棒卡死在完全抽出的位置；

（3）反应堆停堆由安注信号触发，或更保守地假定破口发生同时停堆；停堆后立即停止主给水，投入辅助给水；辅助给水流量取限流器的最大流量，温度取水源最低水温；

（4）安注系统停堆由蒸汽管道低压力、稳压器低压力、安全壳高压力或冷却剂低平均温度触发，投入时间延迟选取；

（5）考虑安注系统硼的负反应性，但应保守选取硼扫清管道的时间；

（6）破口发生后 10～15 s 隔离破损蒸汽管道和完好蒸汽管道，隔离后完好蒸汽管道停止排放；

（7）保守选取事故初始工况参数，一回路冷却剂压力取正偏差，环路冷段温度取负偏差。

MSLB 事故的验收准则是：

（1）保持堆芯的完整性，包壳温度不超过 1 204 ℃；

（2）放射性剂量不超过工况Ⅳ限值；

(3) 安全壳压力不超过设计值。

4.4.4 有关因素的影响

1. 破口面积

有浓硼注入时，峰值功率与积分破口流量有关；无浓硼注入时，峰值功率与平衡时的破口流量有关；都是破口越大，峰值功率越高。

2. 反应性系数

有浓硼注入时，燃料 Doppler 反应性越大，重返峰值功率越小，其影响程度略比反比关系小一些。无浓硼注入时，燃料 Doppler 及慢化剂反应性变化的影响均较有浓硼注入时为小，因为此时的重返峰值功率主要取决于平衡时的破口流量。

3. 失去厂外电源(主泵停运)

从重返功率的角度来看，主泵运行将增强二次系统排热能力，加重事故后果，因而，事故分析中一般不假设失去厂外电源。但是，如果厂外电源失去导致主泵停运，此时尽管二次系统排热能力降低，重返功率值变小，然而堆芯流量也同时变小了，因此从 DNBR 的角度来看有可能变得更危险。

对于有浓硼注入的系统，如果主泵停运，硼浓度起伏更大，初时浓硼抑制了功率上升，使堆芯变冷，待浓硼驱出后，有可能重返功率更大。

4. 高压安注容量

有浓硼注入或计及换料箱硼时，假设一路安注失效肯定更危险，但若不计硼反馈，则肯定全容量安注投入更严重。

5. 多台蒸汽发生器同时排放

若蒸汽管道布置上有问题，破损管道将可能把主蒸汽隔离阀甩掉，此时，再假设另一个主蒸汽隔离阀因单一故障而失效，则可能引起两台甚至多台蒸汽发生器同时排放，事故后果更为严重。

4.4.5 MSLB 事故对系统设计的要求

为限制 MSLB 事故后果，核电厂的设计中应有如下考虑：

(1) 停堆系统应保证有足够的停堆裕度。在功率运行条件下发生 MSLB 事故，一般由超功率保护发出停堆信号；在零功率条件下，则由稳压器低压发出停堆信号，也可能由安注动作信号引起停堆，停堆裕度应考虑“卡棒假设”。为保证在功率运行条件下有足够的停堆裕度，一般核电厂在提升功率过程中，不再降低硼浓度。

(2) 事故过程中应有安注硼，以增加负反应性。安注硼一般有两种设计，一种是有浓硼注入系统。另一种是无浓硼注入系统。事故分析中应考虑安注延迟时间及硼溶液清扫管道的时间，在 MSLB 事故中，安注触发信号通常有：高蒸汽流量与低蒸汽管道压力或低一回路温度相符合，高蒸汽管道压差，低-低稳压器压力，高安全壳压力和手动等。

(3) 较新型的蒸汽发生器都有“制成一体”的限流器。在正常运行中，限流器会有一定阻力，但在 MSLB 事故中可限制蒸汽喷放流量。如西屋设计的蒸汽发生器，主蒸汽管道截面积为 4.6 ft^2，而限流器喉部面积仅为 1.485 ft^2，可大大减少破口蒸汽喷放流量。

(4) 蒸汽管道上应有隔离阀，以防止多台蒸汽发生器同时排放。隔离阀一般在 6～10 s

内关闭,关闭后环路蒸汽发生器停止排放。

(5) 一、二回路水装量比例要适当。一回路水要多,二回路水不要过多,环路越少,则要求一、二回路水量比越大。此外,还要求各种反应性在事故过程中数值上应配合得当。

4.5 控制棒弹出事故

4.5.1 控制棒弹出事故定义

若控制棒驱动机构密封套发生破裂,巨大的压差可将控制棒快速弹出堆芯,弹棒事故指的就是这种事故,它是反应性事故中最严重的一种。

4.5.2 控制棒弹出事故特征

插在堆芯内的控制棒的弹出,使堆芯有一快速反应性引入,造成堆内核功率激增,同时也形成堆芯很大的功率不均匀因子,因而会出现一个大的局部功率峰值。弹棒事故同时也造成一个小破口失水事故。由于破口很小,因此,从失水事故角度来看,后果不严重。

弹棒事故中,功率的激增受到燃料 Doppler 反应性反馈和慢化剂温度反应性反馈的限制,此后由于保护系统动作,控制棒下插,反应堆停堆。在事故开始后 10 s 以内,可出现芯块温度、包壳温度和系统压力三个峰值,从这三个方面影响反应堆的安全性。

发生弹棒事故,局部功率的激增使燃料元件发生很大的变化。在事故开始的短时间内,功率激增产生的大部分能量储存在二氧化铀燃料芯块内部,然后逐渐释放到系统其他部分。

燃料中积聚很大的能量,将使最热的芯块熔化,释放出的气体在燃料棒内部形成高压,使燃料棒瞬时破裂,热量可迅速地从散落到冷却剂中的二氧化铀碎粒传输到冷却剂中去,部分冷却剂中过量的能量积聚和热能转变为机械能形成很强的冲击波,可能损坏堆芯和一回路系统,破坏堆芯的冷却性。

热量传送至元件包壳,可造成部分包壳发生 DNB,并继而有可能使包壳达到脆化温度,从而影响堆芯完整性。

热量传送至冷却剂,可使冷却剂系统温度和压力上升,形成一个一回路压力高峰,也是对冷却剂压力边界的冲击。

4.5.3 控制棒弹出事故分析方法

采用 PDK-Ⅱ程序进行分析,一般分两步进行,首先计算堆芯平均通道,然后作热点分析。由于表征弹棒事故严重程度的主要参数有多个,如包壳温度,燃料芯块焓值,铀芯块温度和一回路压力,且影响这些参数的因素也较多,如弹棒价值,缓发中子有效份额,燃料温度反应性系数,慢化剂温度反应性系数,功率不均匀系数,燃料间隙热阻等,这些因素在不同燃耗,不同功率条件下对事故严重程度的影响很难趋于统一,因此,不能通过定性分析确定哪种工况为极限工况,往往需要通过对寿期初零功率,寿期初满功率,寿期末零功率和寿期末满功率 4 种工况进行定量分析,才能得出极限工况。

除要对 4 种工况进行定量计算外,各影响因素参数的选取也应保守考虑,一般有:

(1) 弹棒价值和热管因子取大;

(2) 燃料和慢化剂温度反应性系数取绝对值最小；

(3) 缓发中子有效份额取小；

(4) 停堆反应性中扣除弹出控制棒的反应性，并作一束最大价值控制棒卡在堆外的假定；

(5) 反应堆保护停堆由高中子通量或中子通量高的正变化速率触发。

弹棒事故的验收准则有两套，一套是美国核管会制定的，另一套是西屋公司自己采用的。

美国核管会制定的验收准则是：

(1) 芯块储能的限制：不允许导致任一燃料棒的任何轴向位置芯块平均截面焓大于 280 cal/g。美国核管会作过研究，不论辐照过或未辐照的锆包壳二氧化铀燃料，只要平均截面焓值小于 300 cal/g，就不会发生显著破裂，所以，保守地取 280 cal/g 作为芯块储能的限值。

(2) 任何阶段，一回路系统最高压力小于 ASME 规范规定的“工作极限 C”的压力值，即 120%的设计压力。

(3) 按保守假设，放射性后果限值为：全身剂量 60 mSv，甲状腺剂量 750 mSv。

西屋公司的验收准则是：

(1) 芯块储能限制：热点平均焓，未辐照燃料不超过 225 cal/g，辐照过燃料不超过 200 cal/g。

(2) 包壳温度低于 2 700 ℉(即 1 482 ℃)。

(3) 一回路压力低于 110%设计值。

(4) 任一高度上，燃料棒熔化的份额不超过 10%(熔化温度为 2 590 ℃)。

秦山核电站和大亚湾核电站基本依据西屋公司的标准。

4.5.4　对核电厂设计的要求

为避免和缓解弹棒事故，核电厂设计中除考虑采用多样化，冗余的停堆保护信号(如高中子注量率，超温，超功率，高升功率速度，稳压器高压等)外，还应做到：

(1) 保证控制棒驱动机构密封壳套设计加工可靠，此壳套是反应堆冷却剂压力边界的一部分，属核安全一级设备，在设计上应留有足够的安全裕量，加工制造要经过严格的检验，并经过强度和密封性水压试验，使其发生破裂的概率极小。

(2) 核设计要求控制棒在堆内合理布置，以改善堆芯功率分布和减小功率的不均匀系数，在功率运行下，调节硼浓度，尽量减少堆芯控制棒的数目和插入深度。在控制保护系统中，设立限制控制棒插入深度的报警装置，当控制棒插到与运行功率水平相对应的调节带下限时，发出报警信号，此外，还要求反应性控制系统设有紧急加硼设施，它使插到低位的控制棒回到正常位置。这些可使一旦发生弹棒事故，反应性的引入不会大到造成堆芯严重损坏的程度。

4.6　二回路导出热量减少事故

4.6.1　二回路导出热量减少事故定义

二回路导出热量减少事故又称为失去热阱事件。属中等频率事故范围的有：蒸汽压力调节器故障致使蒸汽流量减少、失去外电负荷、汽轮机事故停车、冷凝器真空失效、失去非应急交流电源和失去给水等，其中以汽轮机事故停车最具代表性。

4.6.2 二回路导出热量减少事故特征

这类事件是由削弱一次系统向二次系统传热的二次系统故障引起的。这些事故可归纳为失去蒸汽负荷与失去蒸汽发生器二次侧水装量两个方面。二次系统故障可导致由堆芯产生的热量多于由蒸汽发生器导出的热量，其效应是一次系统温度升高，冷却剂受热膨胀涌入稳压器，反应堆冷却剂系统的压力随之升高。

当系统的某一参数达到停堆保护系统的整定值时，控制棒停堆系统得到触发，堆功率降至衰变热水平，并借助于辅助给水投入和蒸汽发生器的安全阀，建立起排热机制，使一次系统得到冷却，余热排出，事故得到缓解。

4.6.3 二回路导出热量减少事故分析方法及验收准则

1. 二回路导出热量减少事故分析方法

该事件主要用系统程序作分析计算；对该事件主要分析一回路升压瞬变，分析时应取BOL(小反馈)，无稳压器压力控制工况。作DNB分析，应取BOL有稳压器控制工况。但若假设EOL工况(有无稳压器压力控制)，则大的反应性反馈会推迟停堆，也有可能造成一些特殊情况。因而，应探讨4种工况下的结果。

分析中采用的主要假设：

由于分析的目的有超压分析及DNB分析两种，有些假设条件也有不同，下面应取不同假设时，作分别叙述。

(1) 初始堆功率取102%额定功率；

(2) 零时刻发生汽轮机停车，截断阀瞬时关闭，不考虑冷凝器旁路排放或SG释放阀排放；

(3) 在整个过程中有厂外电源；

(4) 与汽轮机停车同时停止主给水，辅助给水系统假设单一故障，并延迟投入；

(5) 控制棒控制取手动方法；

(6) 慢化剂温度反应性反馈，取寿期初的数值，可保守地取为0；

(7) Doppler温度反应性反馈，取寿期初的保守值，即引入负反应性时，取偏小的绝对值，而引入正反应性时取偏大的绝对值；

(8) 对于超压分析，无稳压器压力控制，即不考虑稳压器释放阀及喷淋的功能；对于DNB分析，有稳压器压力控制；

(9) 反应堆停堆信号：稳压器高压，稳压器高水位，低-低SG水位；

(10) 初始稳压器压力：对超压分析，取偏低值，以延迟停堆；对DNB分析，此项取值影响不大；

(11) 初始反应堆冷却剂温度：对超压分析，此项取值影响不大；对DNB分析，取偏低值；

(12) 稳压器初始液位：对超压分析，取偏高值；使压力反应灵敏，容易满溢；对DNB分析，此项取值影响不大；

(13) SG初始液位取偏低值。

2. 二回路导出热量减少事故验收准则

对于工况Ⅱ事件，验收准则为：

(1) 最小 DNBR 大于双 95%限值；

(2) 一回路压力保持在设计值的 110%以下。

对于主给水管道破裂事故，验收准则为：

(1) 堆芯保持在可冷却的几何形状；

(2) 一回路压力保持在设计值的 120%以下。

这类事件的放射性后果一般都不大，可不必作分析，作为在设计上的进一步要求，则希望系统设计能保证在事故得到缓解之前，稳压器安全阀开闭的次数较少，并在事故过程中避免稳压器满溢。可以认为如果稳压器满溢，将损坏设计上仅考虑释放蒸汽的安全阀，造成一次系统的压力边界破坏。

4.7 未能紧急停堆的预期瞬变

4.7.1 未能紧急停堆的预期瞬变定义

未能紧急停堆的预期瞬变(ATWS)是指反应堆发生了预期运行瞬态，电厂参数偏离了正常运行工况而要求自动紧急停堆时，控制棒不能落下所造成的未能紧急停堆的事故。属于Ⅳ类工况。

这些工况Ⅱ事件一般是指二次系统导出热量减少事件，如正常给水丧失，外负荷丧失，汽轮机保护停车，非应急交流电源丧失，冷凝器真空丧失及控制棒误抽出等，其中以正常给水丧失及非应急交流电源丧失具有代表性。

4.7.2 未能紧急停堆的预期瞬变特征

ATWS 最突出的特点是反应堆冷却剂系统升温升压，特别是当蒸汽发生器蒸干后，尤其猛烈，如果系统设计不好，会造成不可容忍的一次系统超压，因此，ATWS 事故可考验核电厂的稳压器释放阀和安全阀的容量，波动管的设置，第二停堆系统的性能，以及操纵员的动作。

4.7.3 未能紧急停堆的预期瞬变分析方法

采用 RETRAN 或 RELAP5 程序均可，分析中一般采用现实模型，各项参数选取不作保守考虑，主要假设有：

(1) 100%额定功率；

(2) 主蒸汽隔离阀于 10 s 后关闭；

(3) 慢化剂温度系数取一个很小的较为现实的值；

(4) 燃料温度反应性系数也取较为现实的值；

(5) 稳压器释放阀和安全阀按设计能力考虑；

(6) 主泵于欠热度小于 9.3 ℃时停运；

(7) 停堆信号触发汽轮机停车；

(8) 失去主给水后 30 s 辅助给水全流量投入。

4.7.4 分析示例

以秦山核电厂 ATWS 分析结果为例，在失去正常给水 ATWS，非应急交流电源丧失 ATWS，失控提棒 ATWS 和停汽轮机 ATWS 的情况下，分析得到稳压器最高压力结果，结果表明，它们都满足验收准则，即不超过 120%设计压力。

下面简单描述主要事故过程：

(1) 失去正常给水 ATWS

失去正常给水 ATWS 以零时刻失去主给水为先导，约 29 s 后蒸汽发生器低-低水位产生停堆信号使汽轮机脱扣，由于汽轮机的停车和蒸汽发生器水位的不断降低，蒸汽发生器的传热能力很快下降，使得堆芯产热和二回路导热量不匹配，一回路冷却剂的温度和压力上升，稳压器的水位升高，堆芯功率因慢化剂的负反应性反馈而缓慢降低，稳压器释放阀的开启阻止了一回路压力的进一步升高，约在 75 s 后蒸汽发生器的水位降低至很低，蒸汽发生器的传热能力急剧下降，从而导致了主系统迅速升温升压，堆芯功率迅速下降。约在 87 s 时稳压器安全阀开启，阻止了主系统的进一步升压。约在 113 s 时稳压器失去汽空间。当堆芯功率下降到与辅助给水流量相匹配时，反应堆进入稳压状态，在整个瞬态期间，稳压器的最高压力为 17.23 MPa，大约出现在 86 s 时。失去主给水 ATWS 稳压器压力变化见图 4-7-1。

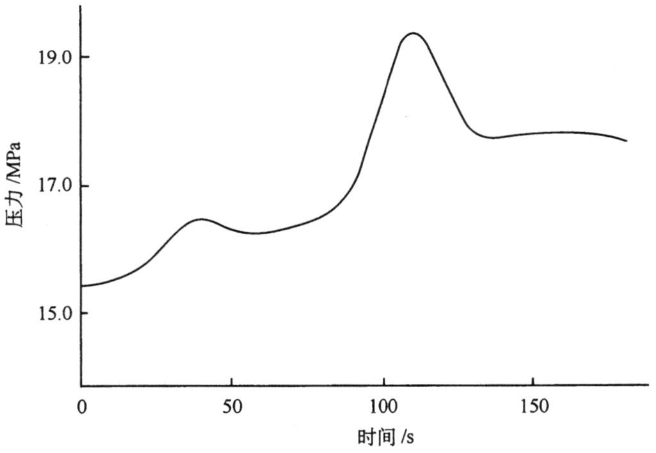

图 4-7-1 失去正常给水后稳压器压力的变化

(2) 非应急交流电源丧失 ATWS

其主要特征是因主泵失电而引起失流，而反应堆又停不下来，由于主泵停运堆芯流量很快降低，堆芯局部沸腾引起的空泡负反应性使堆功率快速衰减下来。

(3) 失控提棒 ATWS

控制棒失控提升所引起的总反应性价值是反应堆寿期初满功率时控制棒处于调节带下限时最大提升价值。随着控制棒提升，堆芯功率迅速增大，主系统的压力和温度也相应升高，稳压器释放阀的开启抑制了主系统压力的进一步升高，堆芯功率因慢化剂的负反应性反馈和燃料 Doppler 效应而下降。二回路的压力随冷却剂的温度升高而升高。当蒸汽发生器的释放阀开启后，蒸汽发生器的传热能力略有加强，主系统的压力、温度有所下降，随着蒸汽发生器水位的降低，蒸汽发生器的传热能力又开始下降。主系统的压力和温度开始升高，堆芯功率下降，直到功率水平与蒸汽发生器传热能力相匹配而达到稳定状态。

(4) 停汽轮机 ATWS 瞬态过程与失去正常给水 ATWS 很相近，仅时间上稍有差异。

4.7.5 未能紧急停堆的预期瞬变缓解措施

未能紧急停堆的预期瞬变这种假想事故可考验核电厂的稳压器释放阀及安全阀的设计容量、稳压器波动管的位置，反应堆第二停堆系统的性能以及事故情况下的操作规程。此外，目前很多国家的核安全当局还要求核电厂需具有"ATWS 缓解系统启动线路"，当核电厂发生未能停堆的预期瞬变时，此线路独立地触发两种功能：辅助给水投入及汽轮机停机。这两种功能都能抑制一次冷却剂系统的升温升压过程，使事故得到一定缓解。

复习思考题

1. 简述失流事故定义、过程及特征。
2. 一回路失水事故的危害是什么？
3. 由参数变化曲线来说明大破口失水事故的过程特征。
4. 由参数变化曲线来说明小破口失水事故的过程特征。
5. SGTR 事故与小破口失水事故的主要现象差别有哪些？
6. 发生 SGTR 事故后操纵员干预动作有哪些？
7. 为抗御 MSLB，核电厂应设置哪些设施？
8. 简述控制棒弹出事故特征。
9. ATWS 缓解系统启动线路应具有哪些功能？为什么需要这些功能？

第五章 核电厂严重事故初步

严重事故即堆芯严重损坏事故，有可能破坏安全壳的完整性，从而造成环境放射性污染及人身伤亡，造成十分巨大的损失。

现有核电厂基于纵深防御思想，设置了多道屏障及专设安全设施，采取了严格质量管理和操纵员选拔培训制度，同时，核电厂选址也有严格要求，因而核电厂抵御外来危害和内部事变的能力很强。只有在连续发生多重故障(包括操纵员失误)使核电厂长期失去热阱，才会导致严重事故。相对于以单一故障为特征的设计基准事故，严重事故又称为超设计基准事故。

严重事故的发生频率虽然低，但并不是不可能发生的。1979 年三哩岛事故和 1986 年切尔诺贝利事故，说明单纯考虑设计基准事故，不考虑严重事故的防止和缓解，不足以确保工作人员、公众和环境的安全。因此，认真研究严重事故，采取对策来防止严重事故的发生和缓解严重事故的后果，是十分必要的。

5.1 严重事故的初因事件

研究分析发现，导致堆芯严重损坏的主要初因事件与核电厂的设计特征有十分密切的关系。但归纳起来，共同的主要初因事件大致是：

(1) 失水事故后失去应急堆芯冷却；

(2) 失水事故后失去再循环；

(3) 全厂断电后未能及时恢复供电；

(4) 一回路系统与其他系统结合部的失水事故；

(5) 蒸汽发生器传热管破裂后减压失败；

(6) 失去公用水或失去设备冷却水。

初因事件中如考虑外部事件，还应加上地震和火灾。初因事件分析表明，可能导致堆芯严重损坏的主要初因事件并不多。因此，便于进一步考虑设计改进或事故预防。

5.2 严重事故的物理过程

堆芯熔化导致大量放射性释放的过程分为两个不同的类型，即高压熔化过程和低压熔化过程。

低压熔化过程以主系统冷却剂丧失为特征，若应急堆芯冷却系统失效，由于冷却剂不断丧失，造成元件裸露升温，锆包壳与水蒸气发生化学反应放出热量与氢气，堆芯水量进一步减少后，堆芯开始自上而下的熔化，直至将压力容器下封头熔穿，熔融物随后与安全壳底板混凝土相互作用，释放出 CO_2、CO、H_2 等不凝气体，从而造成安全壳晚期超压失效或底板熔穿。

高压熔化过程一般以失去二次侧热阱为先导事件。主系统在失去热阱后升温升压，直至到达稳压器释放阀开启定值后，阀自动开启排气。如二次侧不能恢复热阱，一次侧又失去强迫注水能力，则释放阀会持续启闭循环，使主冷却剂不断丧失，堆芯在较高压力下开始裸露，随后开始熔化。此后的过程，有可能与低压过程相似。但也有可能压力容器下封头熔穿等，由于主系统存在高压，发生熔融物质喷射弥散，熔融的小颗粒与空气中的氧发生热化学反应，再加上小颗粒与空气的接触面积大，加强了传热，造成了“直接安全壳加热”，使安全壳超压失效。压力容器熔穿之前，裂变产物从破损或熔融元件释出后，在主系统内会有迁移、沉移和再悬浮过程。主系统压力边界破损后，裂变产物进入安全壳后又会经受类似的输运过程。这个输运过程十分复杂，与源项的确定有密切关系，有待于仔细研究。但分析表明，若安全壳能在一段较长时间内维持完整性，大部分裂变产物因重力而沉降，释出的源项会大大降低。

安全壳作为最后一道放射性屏障，其功能至为重要。在各种安全壳失效模式中，特别重要的是事故发生前的意外开口，导致安全壳旁路和晚期失效。

5.3　严重事故的对策

国际上认为：现有的核电厂安全设计有很高的安全程度和保守程度，常常可以经受超设计基准事故。纵深防御的安全原则对于严重事故的早期预防和事故后果缓解也是有效的。但是，由于安全设计主要考虑设计基准事故，有可能在应付严重事故方面存在着某些薄弱环节。解决的办法是：硬件方面不作大的改动，而是努力完善运行规程以及与之配套的控制室布局调整，进一步强化操纵员的选拔与培训，尽量提高运行水平，从而达到预防严重事故发生的目的。这种对策已广泛为各国所接受，相应的研究重点为安全系数显示系统的开发，紧急运行规程的编制与论证，控制室设计的人因工程考虑，操纵员培训大纲的改进，质量保证大纲的完善以及运行管理法规的强化。

5.4　严重事故研究的历史

开展严重事故研究最早的国家为美国，1975 年 WASH-1400 报告首次将概率安全分析技术应用到核电厂。对几座典型美国核电厂作了第一次全面的分析，提供了以事件发生概率为依据的事故分类方法，并建立了安全壳失效模式和活性释出模式。WASH-1400 首次指出，核电厂风险主要并非来自设计基准事故，而是堆芯熔化事故。

1979 年的美国三哩岛事故是一次严重事故。它引起了世界核能界的震惊，这一事件无可置疑地肯定了 WASH-1400 的地位和价值。从此以后，美国的严重事故研究进入了全面深入展开的时期，作为三哩岛事故响应的“未解决的安全课题”和“三哩岛行动计划”及从 1983 年开始执行的严重事故的研究计划，将核安全研究范围拓宽到事故概率、物理过程、事故管理、安全壳分析、裂变产物与源项、燃料元件行为、人因工程、事故后果与对策、法规与标准等十分广泛的领域，其结果是形成了一系列管理法规修订和政策声明，并在事故机理了解的基础上，形成了一系列配套的分析程序包。

三哩岛事故之后，其他核电发达的国家也相应地展开了严重事故的机理和处置研究，然而规模和开题广度均不及美国。其中法国特别着重于事故对策，并开发出系列规程和配套的专用设备；德国的研究侧重于安全壳的完整性保障；日本、英国等侧重确保核电厂系统的运行可靠性。

1986 年 4 月前苏联切尔诺贝利事故之后，严重事故研究工作进一步获得加速与推进。美国开始推行单个电厂评价计划并就切尔诺贝利事故的影响开列出新的研究课题。在国际原子能机构的主持下各国专家总结肯定了几十年来核工业界安全实践中行之有效的概念原则，针对严重事故提出了重要的预防和缓解策略。

HAF102《核动力厂设计安全规定》提出对严重事故应作的考虑：

(1) 使用概率论方法、确定论方法并结合合理的工程判断来确定可能导致严重事故的重要事件序列；

(2) 对照一套准则审查这些事件序列，以确定哪些严重事故应该给予考虑；

(3) 对于所选定的事件序列，应该评价设计和规程能否修改来减少其发生的可能性和减轻其后果。如果这些修改合理可行，就应该付诸实施；

(4) 应考虑核电厂的全部设计能力，包括可能在超出规定的能力和预期的运行工况下使用某些系统(安全系统和非安全系统)，和使用附加的临时系统，使严重事故返回到受控状态或减轻其后果。应证明这些系统在预期环境条件下可以起到这些作用；

(5) 对于多堆厂址，可以考虑使用其他机组可用的手段和可能的支持，前提是不会危害其他机组的安全运行；

(6) 对有代表性的和主导性的严重事故，应该制定相应的事故管理规定。

5.5 严重事故预防和缓解措施

国家核安全局《新建核电厂设计中几个重要问题的技术政策》(2002 年 5 月)中认为需要考虑的典型事故预防和缓解措施为：

(1) 通过改进系统和设备的运行可靠性，降低发生始发事件的频率；

(2) 通过对系统及其自动控制功能的合理设计，改善核电厂的瞬态特性，减少安全系统的动作和运行人员的干预；

(3) 通过多重性和多样性的系统和设备，提高安全系统和执行安全功能的可靠性，应特别注意减少导致共因故障的因素；

(4) 应认真研究全厂断电的可能性和处理措施；

(5) 应特别关注停堆状态和安全壳打开状态，特别是保证余热排出的可靠性；

(6) 应采取适当的设计措施排除由于冷水或不含硼水的快速注入而导致的严重堆芯损坏；

(7) 应采取设计措施排除安全壳旁路型严重事故；

(8) 应采取高度可靠的手段避免高压堆芯熔融物喷射；

(9) 压力容器的支撑和堆腔结构应能承受压力容器熔穿的影响，对安全壳内部构筑物应考虑局部氢爆燃等影响；

(10) 在严重事故下能维持安全壳的完整性；

(11) 应有措施冷却堆芯熔融物并减轻堆芯熔融物与安全壳底部相互作用引起的后果；

(12) 在严重事故下，安全壳的贯穿件、隔离装置和空气闸门应有足够能力维持其功能；
(13) 在严重事故下，应有长期可靠的手段排出安全壳的热量；
(14) 在严重事故下，应有足够的能力控制放射性物质的泄漏。

复习思考题

1. 严重事故有哪些主要的初因事件？
2. 简述严重事故的物理过程。

第六章　核电厂事故案例分析

6.1　三哩岛事故

三哩岛核电厂(Three Mile Island，TMI)建在美国宾夕法尼亚州(Pennsylvania)，坐落在萨斯奎汉纳河上，离该州首府哈里斯堡约 16 km，有 9 万居民。

三哩岛核电厂 2 号机组是由巴布科克(Babcock)和威尔科克斯(Wilcox)这两个公司设计和建造，并由 Metropolitan Edison 公司运行的 959 MW 电功率压水堆。第二台机组于 1978 年 12 月 30 日投入商业运行，1979 年 3 月 28 日发生了美国商用核电厂历史上最严重的事故。这次事故由给水丧失引起瞬变开始，经过一系列事件造成了堆芯部分熔化，大量裂变产物释放到安全壳。尽管对环境的放射性释放以及运行人员和公众造成的辐射后果是很微小的，但该事故对世界核工业的发展造成了深远的影响。

6.1.1　电厂概述

该核电厂堆芯是由 177 盒燃料组件构成，直径 3.27 m，高 3.65 m 的反应堆，放在直径 4.35 m、高 12.4 m 的碳钢压力容器内。每个燃料组件内有 208 根燃料元件，按 15×15 栅格排列。燃料是富集度为 2.57%的二氧化铀，包壳为 Zr-4。

该公司设计的核电厂与西屋的设计不同：反应堆设计成 2 环路，每个环路有 2 台冷却剂泵，蒸汽发生器是直管的(区别于 U 形管式)，而且很长，因而在设计上改变了一些设备的相对位置。这意味着装载的二回路水很少，对某些瞬态比较敏感。该核电厂一回路系统工作压力为 14.8 MPa，出口温度为 319.4 ℃。高压安注系统(HPIS)可在正常运行压力或更高压力下向一次系统注入含硼水(它的截止压力为 19.7 MPa)，当一次系统压力降至 11 MPa以下时，自动启动；安注箱启动压力为 4.1 MPa；低压安注系统(LPIS)的启动压力是 2.8 MPa。

6.1.2　事故前的初始状态

1979 年 3 月 28 日凌晨，TMI-2 在 97%额定功率下，以自动控制方式运行。

机组初始状态的安全隐患：

(1) 稳压器的释放阀及安全阀均有持久的微小泄漏(大约是 0.3 kg/s)。

(2) 二回路中，有一些堵塞的离子交换树脂。

6.1.3　始发事件

操纵员准备用压缩空气及去离子水将二回路堵塞的离子交换树脂输送至回收箱，这一操作使水进入了压缩空气系统，然后进到空气管路上的仪表中，引起了紊乱，关闭了冷凝水增压泵的进水阀门，于是冷凝水增压泵及主给水泵停止运行。

运行事件的开始——失去蒸汽发生器的正常给水。

首先导致汽轮机脱扣，紧接着导致紧急停堆(Trip 或 Scram)。

事故第一阶段所有自动装置都很好地完成了它们的功能，事件本应该就此结束，但无数人为失误和设计问题使得一个相对小的运行事件叠加成为一个大堆芯融化事故。

6.1.4　事故过程

第 1 阶段——汽轮机停车(0～6 min)

0 s，给水泵停运，汽轮机停车，蒸汽旁路阀打开，辅助给水泵启动，主泵继续运行，反应堆继续运行，反应堆冷却剂系统压力上升。

3 s，RCS 压力达到释放阀(PORV)整定值 15.5 MPa，阀开启卸压，这不足以降压，RCS 压力继续上升。

8 s，RCS 压力达到停堆整定值 16.2 MPa，控制棒插入堆芯，停堆，至此一切保护系统工作正常，接下来需要的是带走衰变热。

13 s，RCS 压力降至 PORV 自动关闭压力 15.2 MPa，但接到关闭命令的卸压阀被卡住了(卡开)，造成了一个小破口失水事故(汽腔小破口)，一回路冷却剂从 PORV 向设置在安全壳内的稳压器卸压箱排放(60 t/h)。

30 s，SG 辅助给水泵正常地投入运行，但是因为泵与 SG 之间本该开着的阀门由于维修错误被关闭了！没有能够把水打入 SG。

虽然在控制室内设置了这些阀门的位置指示器，并且发出了故障信号，但是其他阀门上挂的状态标签遮住了这些阀门的状态指示灯。

1 min，热管段与冷管段的温差减至零，说明 SG 已蒸干。所有 SG 在 2～3 min 之间全部烧干，中断了一回路的冷却，仅靠喷出水和蒸汽来散发热量，RCS 压力下降，同时稳压器液位迅速上升。

2 min 4 s，RCS 压力降至 11 MPa，自动触发 ECCS，将含硼水注入 RCS。此时稳压器液位继续上升。

该阶段操纵员的注意力集中在控制稳压器水位上。因为在一回路全部瞬态中，操纵员必须遵守一项指令“稳压器不能满水”，否则整个一回路将被液态的水充满，压力剧烈变化，使一回路压力疲劳。

稳压器的水位在卸压阀打开时，初始下降之后，紧接着大约 1～6 min 之间迅速上升。这种上升在稳压器破口的情况下完全正常。但是，这个核电厂的运行人员没有接受过应付这一瞬态的培训。

在这种情况下，操纵员看到了“卸压阀已关闭”的显示，认为卸压阀已经关闭。(但看到的是一个错误的信息，这是整个事故的关键点，指示器发回控制室的是阀门接到的命令，而不是阀门的状态或位置。)

对于稳压器水位的迅速上升，操纵员害怕一回路水量过大。4 min 38 s，他认为 HPIS 增加了 RCS 装量，手动停止了一台高压安注泵(HPIP)，其他 HPIP 也被调至节流状态。此时一回路水继续排放而得不到补充。

机组出现了破口，而安全注入各多重系统又全部停运。

第 2 阶段——冷却剂丧失(6～20 min)

6 min，稳压器汽相消失，反应堆冷却剂疏水罐(RCDT)压力迅速上升。

8 min，操纵员发现 SG 蒸干了，检查后发现辅助给水泵在运行但阀门关闭着，操纵员立即打开了这些阀门，热管段及冷管段的温度开始下降，水击声及爆裂声证实辅助给水已送至 SG。

辅助给水阀的关闭在事故之后立刻受到了公众大量的谴责，但实际上在前 8 min 内没有辅助给水并没有显著的影响。

此后的事故过程主要是由 PORV 卡开影响。

10 min 24 s～11 min 24 s，HPIP 关→开→关→开，但处于节流状态，从 HPIS 进少，从 PORV 出多，主回路冷却剂在流失。

约 11 min 时，稳压器水位在刻度盘上恢复显示，水位继续下降(1 min 下降 80 cm)。

15 min，RCDT 爆破膜破裂，安全壳压力上升。

18 min，通风系统监测仪测得气体放射性急剧增加(可能是 RCDT 爆破膜破裂的影响，不是燃料元件损坏)，此时一回路压力降至 8.3 MPa 并在继续下降。

第 3 阶段——继续卸压(20 min～2 h)

20 min～1 h，系统参数处于稳定的饱和状态 70 MPa、290 ℃，由于一回路蒸汽含量越来越高，一回路泵出现了汽蚀和震动，1 h 14 min 操纵员按照规程，关掉了 RCSP LOOP B(目的是为了保护泵，不使泵及相连的管道受到严重损坏)，同样理由，1 h 40 min 操纵员停掉了 RCSP LOOP A；并期望能在一回路内建立自然循环。

然而，泵的停运使管道中的蒸汽和水分离，中止了该环路的自然循环，而且再要使该泵转起来变得十分困难。

此后的分析表明：至此已有 2/3 的冷却剂排出系统，泵的停运使压力容器水位塌陷至高于堆芯顶部 30 cm 之处，于是堆芯开始了一个升温瞬变，这是堆芯损坏的前兆。

第 4 阶段——升温瞬变(2～7.5 h)

1 h 40 min 后不久，燃料元件裸露。

2 h 14 min，出现安全壳内放射性高的报警指示，操纵员想起事故前卸压阀有很高的泄漏率，认为放射性是通过这些阀门扩散出去的。于是，2 h 18 min 操纵员没有把情况弄清楚，就关闭了卸压管线上的截断阀。

即使到这时候，如果使用 HPIS 使 RCS 升压，仍有可能中止这一事故。

关闭了 PORV 后，能量排放中断，RCS 压力升高。

2 h 55 min，宣布厂区进入应急状态，在冷却剂下泄系统测到放射性，此时相当一部分燃料元件已裸露并处于高温状态，使得燃料元件损坏，挥发性裂变产物释出，并产生氢。

在此后一段时间内操纵员企图重新启动主泵，LOOP B 的泵也真启动了起来，但仅工作了 19 min，后因蒸汽阻塞及振动警报(3 h 13 min)而又停运了。

3 h 20 min，在关闭稳压器截断阀状态下，再次投入 HPIS，操纵员企图以此增加系统压力，挤塌汽泡，而使主循环泵恢复运行。效果是主泵没有运行起来，但歪打正着，堆芯得到淹没，燃料元件升温得到中止。

在上一阶段，堆芯至少有 1.5 m 裸露了大约 1 h，这是堆芯受到主要损坏的时期。

此时发生强烈的锆-水(汽)反应，产生大量氢气，同时有大量气体裂变产物从燃料释放到 RCS 中。

安全壳内放射性急剧上升。

4 h 30 min～7 h：继续关闭 PORV 截断阀，投入 HPIS，企图提高系统压力使环路中汽泡破灭，重新通过 SG 排热（自然循环或主泵运行），但并没有成功。

这段时间，在一回路泵和安注系统运行的情况下，用交替打开和关闭稳压器卸压管线的方法实现排出一回路氢和非凝结裂变气体。

第 5 阶段——持续卸压（7.5～13.5 h）

7 h 38 min，打开释放阀，关小 HPIS，操纵员采用上述方法降低系统压力，企图使安注箱动作来带走堆芯的衰变热。

但是该操作却使系统失水引起第二次裸露，这一次裸露时间较短，与第一次堆芯裸露相比，这一次燃料温度低得多。

8 h 41 min，压力达到 4.1 MPa（安注箱充气压力），安注箱开始注水，但流量极小（这是由于压差小，而且有管道设计上的问题）。但操纵员却认为安注箱注入水后堆芯是充满的。

9 h 50 min，在减压过程中，压力壳内大量的氢释放至安全壳，发生了一个压力脉冲，安全壳喷淋工作了 6 min。（这一压力脉冲可以认为是部分区域氢与空气混合物的点火——氢爆！）减压至 3 MPa，系统压力就再也降不下去了，操纵员毫无办法使系统降至 2.8 MPa（在此条件下才能启动 LPIS）。

11 h 8 min，操纵员又关上了 PORV 截断阀，但没有加大 HPIS 流量。此后 2 h 内，安注箱停止注水，HPIS 处于低流量、SG 不循环、PORV 截断阀除两次短时间打开外，基本保持关闭，总的说没有任何手段去排除衰变热。在此条件下发生第三次堆芯裸露，这次裸露持续时间长，燃料温度再次达到很高的数值。

第 6 阶段——升压及最终建立稳定的冷却方式

13 h 30 min，PORV 截断阀再次关闭，加大 HPIS 流量，两台冷凝器增压泵重新启动，堆芯装量增多，结束第三次裸露。

15 h 51 min，一台 RCP LOOP A 运行，热管段温度下降至 293 ℃冷管段温度上升至 205 ℃，表示有流体经过 SG。

第 7 阶段——排出氢气（1～8 d）

到此压力壳内储有 28 m^3的气体，其中主要是不凝气体 H_2。这些 H_2逐渐地在 1～8 d 内通过 PORV 控制着排出，氢复合系统投入运行，以减少安全壳内 H_2浓度。

1 个月后，主泵停止运行（因主泵发热 4～5 MW 已超过了此时的衰变热 2 MW），用自然循环方式继续带出热量。

事故后堆芯损坏情况见图 6-1-1。

6.1.5　事故后果

估计事故中几乎全部惰性气体、50%的 I 和 Cs 以及少量其他裂变产物释入主冷却剂。部分活性物质通过开启的卸压阀进入了安全壳底部的卸压箱。15 min 后卸压箱满溢，爆破阀破裂，放射性水进入地坑，裂变气体从而进入安全壳大气。此外，开始时曾有一部分放射性水被泵至辅助厂房内的排水箱，造成部分放射性外逸。

另一条释放途径是由操纵员打开主系统下泄系统而产生的。操纵员认为主系统水量过多，打开了下泄流将部分主冷却剂经净化系统引入容积控制箱，而造成与除气系统相通。除气系统将释出的气体压缩至衰变箱并经过过滤排向烟囱。事故中主系统产生大量气体，使

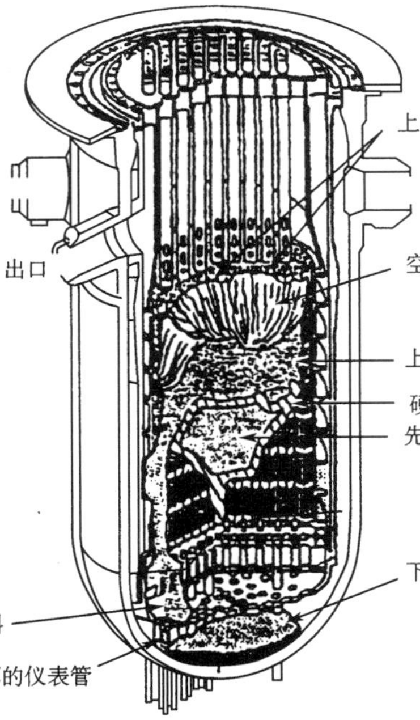

图 6-1-1 TMI-2 事故后堆芯构造图

得除气系统超载，结果气体便从容积控制箱的安全阀排出。

事故中运行人员接受了略高的照射，有一段时间内必须戴呼吸面罩。但总剂量仍是有限的。作主冷却剂取样的人员可能受到 30～40 mSv 照射。事故中无人受伤和死亡。

根据电厂周围辐射剂量测量，估计有 $0.1 \sim 0.5 \times 10^{18}$ Bq 的 ^{133}Xe（占堆芯总量的 2%～10%）释放到了环境中。此外，估计释放了 0.63×10^{12} Bq 的 ^{131}I，这仅相当于堆芯总碘量的 0.000 03%，比早先对此类事故分析所预计的释放量小十万倍。据实测，并无铯或其他金属裂变产物粒子释入环境。实际上，由于发生事故前 TMI-2 只运行了很短时间，^{137}Cs 和其他长寿命裂变产物尚未达到平衡值。

最大厂外剂量是事故早期释放放射性氙所形成的。厂外 80 km 半径内人群集体剂量估计为 33 人·Sv，这一剂量可能在随后 30 a 内引起一例癌症致死。估计厂外个人最大剂量为 0.37 mSv，相当于一次普通 X 射线检查。

三哩岛事故中释出的放射性物质如此之少，说明了安全壳的高度重要性。虽然安全壳并不能绝对不泄漏，但基本上没有受到机械损伤。由于安全壳喷淋液中添加了 NaOH，绝大部分碘和铯被捕集在安全壳内，而从安全壳泄出的气体经过辅助厂房，因而大部分放射性物质为过滤器所捕集。

6.1.6 事故原因

为了研究分析三哩岛事故，曾经召开过一系列会议。这一事故显然在很大程度上是人因占主导地位的事故，但操纵员为什么会被错误导向，却有着深刻的原因。

1. 阀门位置的判断

事故中操作人员快速一瞥卸压阀位置指示器即宣告“阀门已闭”，实际上这一指示器显示的只是关闭要求而不是实际关闭状态。还有另外两个信号可以用于辅助诊断：卸压阀的阀后管线温度和卸压箱水位。操纵员注意到了阀后温度高的显示，然而，由于卸压阀在正常运行时也有泄漏，阀后管线一直是热的，结果操纵员没有将它作为辅助诊断指示。至于卸压箱的水位显示，根本不在主控室内，事故中从未检查这一水位指示，操作规程没有要求作此类检查。

2. 对稳压器行为的认识

主系统在有破口的情况下，稳压器水位与主系统压力同步下降，这一现象已为操纵员所熟知。但是汽腔小破口的情况是个例外，由于破口汽流的引导，稳压器内产生的汽泡会使液面上涌，而主系统压力却在下降。三哩岛事故发生时操纵员却为这一现象所迷惑，因为他们没有受过处理此类事故的训练，也没有针对这种事故的处理规程，更没有引导操纵员处理末期事件的规程。

更为令人痛心的是，早在三哩岛事故前 18 个月，具有同类机组的戴维斯贝斯电厂发生过同样的事件，当时该厂操纵员在事发 20 min 后判明了隔离阀状况，采取了手动隔离措施，因而未产生严重后果。由于错误地认为无后果等于无重要性，这样重要的经验并没有加以讨论，当然也谈不到及时的反馈和交流。

3. 安注系统的中止

观察到稳压器水位上升以后，操纵员关闭了安注。采取这一行动并不意外，因为安注系统在不必要时甚至有害时自动触发的情形并不少见。问题在于这一行动必须有以系统分析为基础的运行规程依据，而三哩岛核电厂当时并无这样的规程。操纵员还关闭了低压下本应自动投入的安注箱系统，这又一次证明操作人员十分缺乏对系统热工水力特性的理解能力。

4. 主控室质量问题

三哩岛事故分析中关于硬件系统的一个重要见解是主控室信息处理与报警方面质量太差。首先，堆芯温度仪表量程不够宽，事故中指针打到极限位置并一直维持在极限位置上，操纵员则认为这些仪表都坏了。其次，运行计算机塞满了数据，死机达两个小时之久。最后，按有些人的说法，主控室在事故工况活像一株圣诞树，事故发生后各种预警、警告和报警信号灯争先恐后地闪烁不停，没有任何优先级规定能使人从中找出最初的报警信号。

5. 安全壳隔离

关于硬件系统的另一个问题是安全壳隔离设计。根据这一设计，安注触发并不自动引起安全壳隔离，于是当地坑水位上升时，地坑泵就不断地将冷却剂汲入辅助厂房，直至辅助厂房放射性报警，即事故后几个小时以后，才手动隔离了安全壳。这是设计上的错误。

6. 核辅助厂房的放射性包容能力

地坑水泵入核辅助厂房以后，由于系统的管道和箱体不是全密封的，又热又有污染的水在厂房内散发出水蒸气和水中所含的裂变气体。水蒸气和裂变气体随后由一般的通风系统抽吸，经过一台效率可疑的过滤器后向厂外排出。

7. 蒸汽发生器辅助给水系统

设备条件不良的实例还有很多，最典型的莫过于辅助给水系统上的阀门位置了。如果维修过程中不全部关闭或维修后及时打开这两个阀门，就不会有三哩岛事故了。

6.1.7 经验教训

三哩岛事故引起了巨大震动，从中获得的教益也是多方面的。

三哩岛事故表明，比所考虑的设计基准事故更严重的事故是可能发生的，它往往是多重微小故障和人差错综合作用的结果。然而，这并不是说核电厂的总体设计有重大问题。纵深防御的概念要求有安全壳，这一在正常运行下并不需要的措施很容易用来保护电厂的工作人员和周围的公众，因而纵深防御的概念在严重事故下依然有效。

三哩岛事故要求人们注意两点：

第一，必须重视运行安全研究，搞清楚怎样在未知的事故情景下避免堆芯熔化；为了处理危机，电厂和社会有关部门应当怎样的准备；怎样保护最后一道屏障安全壳；怎样识别导致事故的诱因事件以及必须采取怎样的纠正行动。

为了解决这些问题，运行条件必须改进，尤其是人员培训和运行规程必须改进。主控室设计必须改进，特别是安全参量显示和报警优先级选择必须加以考虑。在某些领域内的设计也必须改进。同时，必须有应急计划。

第二，要重视超设计基准事故的分析研究，安全评估工作不能仅以 DBA 以及相关的准则为限，必须包括所有安全分析方法，并考虑到多重故障和人差错。其中还有一条很重要的教益是：必须重视诱因事件的筛选和分析，决不能想当然地认为“无后果即无重要性”。

6.2 切尔诺贝利事故

1986 年 4 月 26 日星期六凌晨，在切尔诺贝利 4 号机组发生了核电历史上最严重的核事故。该事故是在反应堆安全系统试验过程中发生功率瞬变引起瞬发临界而造成的严重事故。反应堆堆芯、反应堆厂房和汽轮机厂房被摧毁，大量放射性物质释放到大气。

6.2.1 电厂概述

切尔诺贝利核电厂位于乌克兰境内，离普里皮亚特(Pripyat)小镇 3 km，离切尔诺贝利 18 km，离乌克兰首府基辅市以北 130 km。

事故时，共有 4 台 1 000 MW 的石墨管道式沸水反应堆(RBMK)在运行，在附近还有 2 座反应堆正在建造。出事的 4 号机组于 1983 年 12 月投入运行。

RBMK 是一种石墨慢化、轻水冷却的压力管式反应堆。反应堆堆芯由石墨块(7 m×0.25 m×0.25 m)组成直径 12 m、高 7 m 的圆柱体。总共大约有 1 700 根垂直管道装有反应堆燃料。在反应堆运行时能够实现不停堆装卸料。反应堆燃料是用锆合金(Zr-2.5% Nb)座包壳的二氧化铀芯块，富集度为 2.0%，每一组件内含有 18 根燃料棒。采用沸腾轻水作冷却剂，产生的蒸汽通过强迫循环直接供给汽轮机。如图 6-2-1 所示。

反应堆功率和反应性由 211 根吸收棒来控制。211 根吸收棒安置在 211 根压力式管道孔内。吸收棒由碳化硼构成，完全将棒插入大概需要 20 s 时间。

RBMK1000 输出热功率为 3 200 MW，主冷却剂系统有 2 个环路，每个环路上有 4 台主循环泵(3 台运行，1 台备用)和 2 个蒸汽汽鼓/分离器。冷却剂在压力管内被加热到沸腾，然

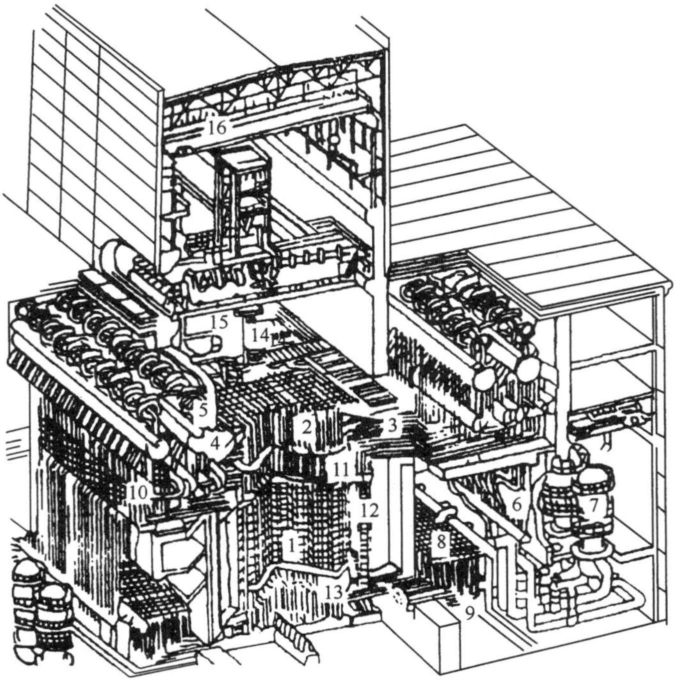

图 6-2-1　切尔诺贝利 4 号机组剖面图

1—反应堆；2—燃料管道立管；3—蒸汽/水竖管；4—汽鼓；5—蒸汽联箱；6—下水管；7—主循环泵；8—分配母管组；9—反应堆进水管；10—爆破箱检测系统；11—上部生物屏蔽；12—侧部生物屏蔽；13—下部生物屏蔽；14—乏燃料储存池；15—换料机械；16—桥式吊车

后部分汽化，平均质量含气量 14%的汽水混合物在汽鼓内分离，然后送到 2 台 500 MW 电功率的汽轮机。

上述设计决定了反应堆的特性和核电厂优缺点。系统优点是没有压力容器和蒸汽发生器，以连续的方式更换燃料，具有燃料循环的灵活性，有可能通过孔道来调节孔道的冷却流量，从热工观察点可分别用来检查可能的包壳破损。系统缺点是冷却水分配系统和每根孔道集流系统的复杂性，在金属构件、石墨和燃料中积蓄了大量热能，对于功率分布大小和控制是十分困难而且复杂的。

在该类反应堆的技术规格书中，有如下两点规定：

(1) 当热功率低于 700 MW 时，禁止以连续的方式运行；

(2) 在正常运行时，需要有 70 根控制棒插入堆芯。

该堆的安全不利因素：

(1) 堆芯具有正气泡反应性效应；

(2) 控制棒挤水棒的正反应性效应（控制棒下端连接着石墨制成的挤水棒，插入堆芯时，会引入正反应性）；

(3) 没有设置安全壳。

该堆的负面效应已被发现，但没有引起管理机构的重视，并没有采取任何措施和通告各运行单位。

6.2.2 始发事件

停堆前，4 号机组在额定参数状态下运行；

1986 年 4 月 25 日趁计划停堆检修前的机会，作汽轮发电机惰走带负荷试验。该试验的目的是验证在失去外部电源的情况下，在应急的柴油发电机投入运行以前，由几组汽轮发电机中一组发电来给堆芯应急冷却回路供电的可能性，在全部蒸汽供应中断以后，该组汽轮发电机凭其惯性减速运行。

6.2.3 事故过程

第 1 阶段

4 月 25 日凌晨 1 时，按计划降功率，13 时 05 分，热功率降为 1 600 MW，同时停止该机组的一台汽轮发电机。

14 时整，为了防止试验过程中应急堆芯冷却系统动作，解除了该系统的备用状态。（该试验计划中将堆芯应急回路隔离，没有需要此种隔离的任何理由）

但此时由于电力调节和外网配电部门要求核电站停止降功率，并要求核电站连续向电网供电 500 MW。

在 9 h 期间，反应堆停留在半功率水平。该段功率水平期间，堆芯氙中毒有段时间达到了最大值，为了补偿氙增长效应，逐渐地将控制棒拔出。

第 2 阶段

按照大纲要求，实验在热功率 700～1 000 MW 条件下进行，23 时 10 分，重新开始降功率，1.5 h 后，正当堆芯的自动功率调节系统动作的时候，操纵员对设备误操作，堆失去了自动控制功能，操纵员不能有效调节功率，热功率直接降到 30 MW。

自动控制手段失去后，堆芯氙毒增长相当快，4 月 26 日凌晨 1 时，为了把功率稳定在 200 MW 功率以上，需要重新拔出大量控制棒。

此时反应堆热功率低于 700 MW，插入堆芯的控制棒少于 30 根，按照反应堆规定，已经不能再运行了。

由于反应堆处于“中毒”过程，并且堆内可利用的剩余反应性小，此时，反应堆已经处于难以控制的状态。

可是现场试验小组仍然决定按照最初的计划进行试验。

第 3 阶段

强行继续实验。由于反应堆低功率运行，造成汽水分离器中蒸汽压力和水位的下降。为了避免蒸汽发生器中蒸汽压力与水位的低值停机停堆，操作人员解除了这两个参数的事故保护信号。

1 时 03 分和 1 时 07 分，分别启动两个环路各一台备用给水泵，连同一直运行的 6 台主泵，共有 8 台给水泵投入运行，1 时 19 分，又调节加大给水流量，才抑制了水位的下降趋势。（给水流量加大为额定值的 4 倍，易引起泵的汽蚀，导致泵的振动和损坏，这又违反了操作规程。）

氙继续在堆芯积累，导致再提新的控制棒，1 时 22 分，堆芯内仅有 6～8 根棒（只有 15 根控制棒时就要求立即停堆，机组计算机给出了这个信号，但没有发生自动的动作）。

然而，工作人员决定继续实验。

第 4 阶段

1 时 23 分 04 秒，该机组的 8 号汽轮发电机的紧急截止阀关闭，停止向汽轮机供汽。但操作人员考虑如果第一次试验失败，可以准备再次重复试验，决定解除了停机的停堆保护信号，再次偏离了大纲要求。

反应堆继续在大约 200 MW 热功率下运行。

停止向汽轮机供汽，又停掉了 4 台冷却水泵，堆内蒸汽产量增加，反应性增加引起自动调节棒下插。1 时 23 分 31 秒，自动棒已补偿不了堆内含汽量提高引起的反应性增加，反应堆功率急剧上升。1 时 23 分 40 秒，值班长下令按下紧急停堆按钮，使所有控制棒插入堆芯。

由于大多数控制棒高悬于堆芯之上，在初始插入时因前面所述的挤水棒正反应性效应与当时反应堆内的正气泡反应性和正功率反应性效应相结合，导致堆功率剧增。

第 5 阶段

计算结果表明堆功率在 40 s 内达到满功率的 100 倍——导致瞬发超临界事故。

1 时 24 分左右，熔融的燃料碎粒与冷却剂剧烈反应引起蒸汽爆炸，石墨燃料、一回路系统和反应堆厂房被破坏，大量放射性物质释入大气。反应堆防护顶板（1 000 t）被爆炸物卷起。

浓烟烈火直冲天空，高达 1 000 多米。火花溅落在相邻的反应堆厂房等建筑物的屋顶，引起多处火灾。

前苏联有关部门及时有效地组织了控制事故和消除事故后果的工作。大火于 26 日晨 5 时被扑灭。疏散了电厂 30 km 内的居民。

向毁坏的反应堆投掷堆集了碳化硼、白云石、铅、砂子、黏土等材料约 5 000 t，建起了以钢和混凝土构成的密封建筑物，把废堆埋藏在里面。对切尔诺贝利厂区和周围地区持续地进行放射性污染清理。

6.2.4　事故后果

事故中堆顶上部屏蔽板被冲开、堆厂房被摧毁以后，燃料碎片及挥发性裂变产物被直接喷射到大气中，较大的颗粒落在厂区周围，而由于热蒸汽的抬升作用，大量较小的颗粒和放射性气体上冲，4 月 27 日的烟羽高达 1 200 m。放射性烟羽在欧洲先向西北移动，后又调头向南扩散。事故放射云于 4 月 27 日最早到达瑞典和芬兰，其中低、中放射性水平的烟羽飘向波兰和德国。4 月 29 日至 5 月 2 日，污染空气扩散到欧洲其他国家。长时间大范围的大气运动把释出的放射性物质散布到整个北半球，5 月 4 日到达中国。

据前苏联方面的估计，事故中释出的源项如表 6-2-1 所示，其中惰性气体释放量为 100%，挥发性裂变产物释放量约为 10%～20%，其他核素为 3%～4%。截至 5 月 6 日，释出的放射性物质总量约为 1.9×10^{18} Bq（5 000 万 Ci）。

表 6-2-1 所列释放量与“反应堆安全研究”所作的最坏情况下的估计大体是吻合的，但释放的持续时间则比预计的长得多，这可能是 UO_2 氧化作用的影响。

电厂周围 3 km 内无居民，5 km 处普里皮亚特镇有居民 45 000 人，他们在事故后 30 h 内全部撤离，以后几天，外围 30 km 范围内的 90 000 人也撤离了家园，所有撤离人员均接受了医学检查，撤离人员外照射累积剂量统计见表 6-2-2，这一剂量远不足以引起早期辐射效应。

表 6-2-1 切尔诺贝利事故中堆芯放射性总量及释放份额

核 素	半衰期/d	堆芯总量/Bq	释出份额/%
^{85}Kr	3 930	3.3×10^{16}	100
^{133}Xe	5.27	1.7×10^{18}	100
^{131}I	8.05	1.3×10^{18}	20
^{132}Te	3.25	3.2×10^{17}	15
^{134}Cs	750	1.9×10^{17}	10
^{137}Cs	1.1×10^{14}	2.9×10^{17}	13
^{99}Mo	2.8	4.8×10^{18}	2.3
^{95}Zr	65.5	4.4×10^{18}	3.2
^{103}Ru	39.5	4.1×10^{18}	2.9
^{106}Ru	368	2.0×10^{18}	2.9
^{140}Ba	12.8	2.9×10^{18}	5.6
^{141}Ce	32.5	4.4×10^{18}	2.3
^{144}Ce	284	3.2×10^{18}	2.8
^{89}Sr	53	2.0×10^{18}	4.6
^{90}Sr	1.02×10^{4}	2.0×10^{17}	4.0
^{239}Np	235	1.4×10^{17}	3
^{238}Pu	3.15×10^{4}	1.0×10^{15}	3
^{239}Pu	8.9×10^{6}	8.5×10^{14}	3
^{240}Pu	2.4×10^{6}	1.2×10^{15}	3
^{241}Pu	4 800	1.7×10^{17}	3
^{242}Cm	164	2.6×10^{16}	3

表 6-2-2 切尔诺贝利事故撤离人员外照射积累剂量估计

到反应堆距离/km	人 口	集体剂量/(人·Sv)	平均个人剂量/mSv
普里皮亚特镇，3	45 000	1 500	33
3～7	7 000	3 800	540
7～10	9 000	4 100	460
10～15	8 200	2 900	350
15～20	11 600	600	52
20～25	14 900	900	60
25～30	39 200	1 800	46
总计	135 000	16 000	120

核电厂周围 30 km 以外的地区所受到的影响主要是放射性沉降以及由此而产生的地面外照射和食入内照射。估计欧洲各国的积累剂量总数为 1.8×10^{15} 人·Sv。原苏联国内所受的相应剂量为 5×10^{5} 人·Sv。欧洲经济合作与发展组织(OECD)核能机构评价了切尔诺贝利事故对欧洲其他国家的影响，指出西欧各国个人剂量不大可能超过一年的自然本底照射剂量，由社会集体剂量推算得的潜在健康效应也没有明显的变化，据估计，晚期癌症致死率只增加了 0.03%。

事故过程中约有 500 人住院，他们主要是电厂工作人员和消防队员，他们英勇地扑灭了反应堆和汽轮机厂房的大火。15 人有急性皮肤照射，其中 29 人死于严重的灼伤和 β 照射烧伤，估计死者的个人剂量达到 6～16 Gy。

6.2.5 事故原因

切尔诺贝利事故本质上从反应性引入事故开始，继之失水事故，后果是严重的，但事故过程中尚未发现未知的现象，也就是说，这类事故也是可以避免的。

据分析，由于试验中堆处于不稳定状态，燃料多普勒温度系数不足以克服空泡和慢化剂引入的正温度效应，反应堆在 5 s 内产生两次功率脉冲，正反应性分别达到 1 000 和 1 500 pcm，超瞬发临界引起反应堆功率暴走，使元件芯块比焓迅速上升并超过 400 cal/gU，导致燃料元件粉化，与水发生快速换热和金属-水化学反应，形成了一次化学爆炸，产生 $(0.2\sim2.0)\times10^{9}$ J 的能量，冲开了 3 m 厚的上屏蔽盖板，摧毁了反应堆厂房。

切尔诺贝利事故主要是由一系列人因错误造成的，在准备大纲和进行试验的过程中，对运行规则的粗暴违反是事故的主要原因。这些人因错误见表 6-2-3。在这些违章操作中，被相继闭锁的保护信号有：应急堆芯冷却系统启动信号、蒸汽分离器水位及蒸汽压力停堆信号、第二台汽轮机触发的紧急停堆信号。

表 6-2-3　切尔诺贝利事故中违章操作

违章点	意　图	后　果
1. 使反应性裕度减少到许可限值以下	克服氙中毒	应急保护系统失效
2. 试验设计中功率水平低于技术规格书	局部自动控制切换错误	反应堆难控制
3. 所有循环泵全开流量超出管制值	满足试验要求	冷却剂温度接近饱和值
4. 阻断两台汽轮发电机传来的停堆信号	必要时能重复试验	失去自动停堆的可能
5. 闭锁了汽水分离器的水位和蒸汽压力事故停堆信号	尽管堆不稳定，还能继续进行实验	失去了基本热工参数的保护系统
6. 关闭了应急堆芯冷却系统	避免试验时应急堆芯冷却剂系统误投入	失去减轻事故后果的能力

此外，为了继续强行试验，事故前相当长一段时间里，反应堆运行在技术规范条件以外。例如：在安注系统不可用的情况下连续运行了 9 h；运行功率长期低于限值 700 MW(热功率)；反应性裕量远小于 30 根控制棒当量；在打印出的反应性裕量已表明要求立即停堆的情况下，仍坚持运行。操纵员似乎完全忽略了这些行动的后果。

除上述运行中的人差错外，RBMK1000 在设计上也存在致命不足。由于冷却剂有很高的正空泡系数，低功率下反应堆极不稳定。该堆缺少快速的紧急停堆系统，控制棒全部插入堆芯约需 20 s 之久。其自动保护系统极少，主要靠操纵员手动操作，因而可靠性较差。

6.2.6 经验教训

从技术的观点来看，切尔诺贝利 RBMK 型反应堆的设计特征与轻水堆的差别太大。然而，切尔诺贝利事故在设计、运行和安全分析方面引出的教益仍然是十分重要的。

切尔诺贝利事故之前，实验堆 NRX、ERB-1 和 SL-1 上也曾发生过反应性引入事故。NRX 为一重水天然铀实验堆。实验堆 EBR-1 为液钠快堆。SL-1 为轻水实验堆，该堆于 1961 年因提棒过快造成功率暴走而毁坏。此后进行过大量实验，一般结论是：必须预防此类事故的发生。为此在设计上限定了弹棒事故极限和控制棒提升速率。虽然理论上不能排除水堆瞬发临界的可能性，但由于水堆有较强负反应性反馈，一般来说后果不会很严重，可以认为水堆上不大可能发生切尔诺贝利这样的事故。

切尔诺贝利事故使得许多国家的核安全部门开始重新认识和考虑那些原先认为不成问题的问题，反应性引入事故即其中之一。美国 NRC 官员关于这一事故对美国商用反应堆安全管理影响的思考总结于 NUREG-1251 中，其主要结论是：由于设计特征不同，轻水堆核电厂不会发生类似切尔诺贝利那样的事故，设计与运行方面没有立即作出改变的必要；但是应当进一步检查已有的管理法规，包括运行人员培训、应急计划与安全壳性能方面；还应当进一步研究由切尔诺贝利事故提出的若干具体技术问题，包括反应性引入事故，低功率或零功率下的事故和放射性释放特征等；作为一个历史教训，切尔诺贝利事故应当在今后考虑安全事项时牢记在心。

切尔诺贝利事故的教训是深刻的，但并没有超出三哩岛事故教益的范围，只是进一步突出了人的因素在运行安全中的关键作用。此外，国际原子能机构还特别强调了核事故处理方面开展国际合作的必要性。

复习思考题

1. 三哩岛事故中，操纵员的主要错误操作有哪些？
2. 切尔诺贝利事故中，有哪些违章操作？

参考文献

[1] 濮继龙. 压水堆核电厂安全与事故对策. 北京:原子能出版社,1995.

[2] 陈金元. 核安全综合知识. 北京:中国环境出版社,2004.

[3] 俞尔俊. 核电厂核安全. 北京:原子能出版社,2010.

[4] 朱继洲. 核反应堆安全分析. 西安:西安交通大学出版社,2000.

[5] 10CFR50: Domestic Licengsing of Production and Utilization Facilities, USA.

[6] USNRC. Reactor Site Criteria, USA.

[7] 原苏联国家原子能利用委员会. 切尔诺贝利核电站事故及其后果. 中译本. 北京:国家核安全局,1986.

[8] IAEA/OECD NEA. The International Nuclear Event Scale, Aug. 1990.

[9] J. R. Larson. System Analysis Handbook. NUREG/CR-4041, EGG-2354, 1985.

[10] USNRC. Reactor Safety Study. An Assessment of Accident Risks in US Commecial Nuclear Power Plants, WASH-1400, 1975.